忍辱負重只求平安度過每一天！

超悲情昆蟲圖鑑

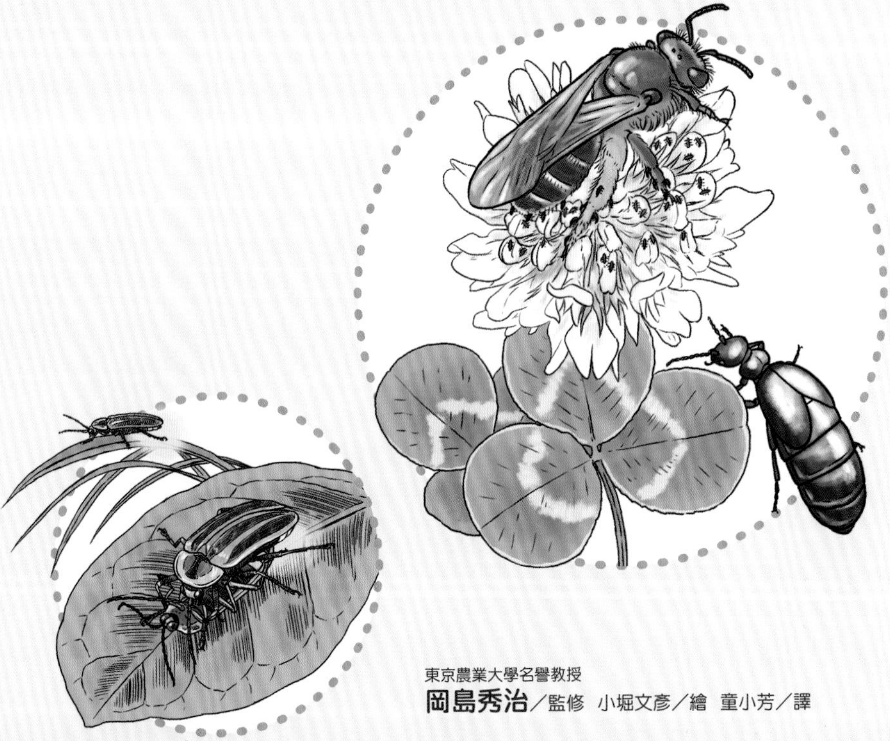

東京農業大學名譽教授
岡島秀治／監修　小堀文彥／繪　童小芳／譯

目錄

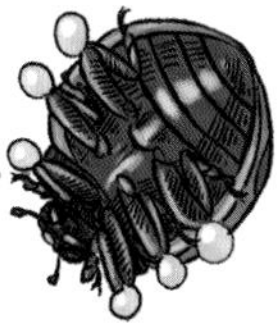

人類的任性⋯107

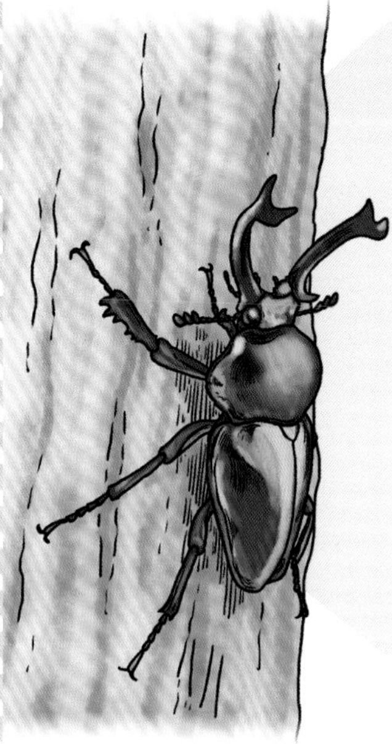

超可悲的實況

自然界

總論

自然界

一般認為世界上存在著200萬種昆蟲。占了所有動物的3分之2，是極其繁盛的族群。

不過，昆蟲之所以繁盛是有原因的。

因為，牠們總是卯足全力求生存。

只要能利用，有些昆蟲會進入其他生物的體內並在裡面長大，有些甚至還居住在其天敵蟻類或蜂類的巢穴之中。

此外，有些弱小的昆蟲帶有毒性，或是會釋放出令人厭惡的氣味，如此便不易遭到鳥類攻擊。也有些昆蟲的外貌近似於上述昆蟲，或是外型與顏色活似鳥糞來騙過鳥類。總之，昆蟲為了避免遭鳥類等天敵捕食而使出渾身解數。

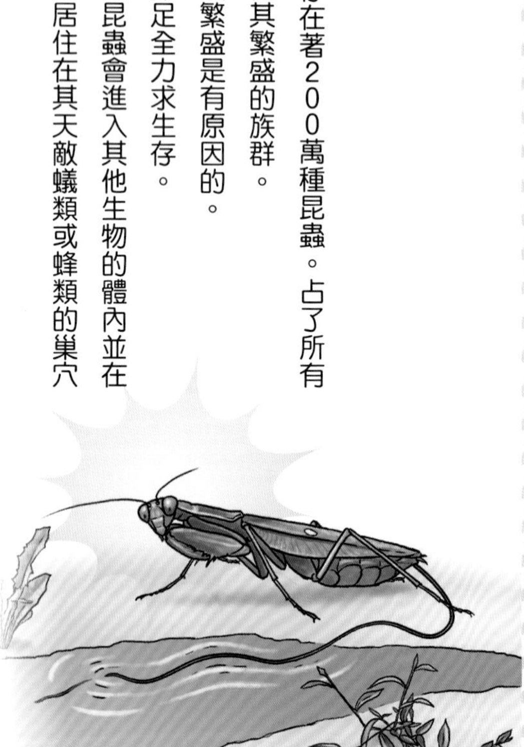

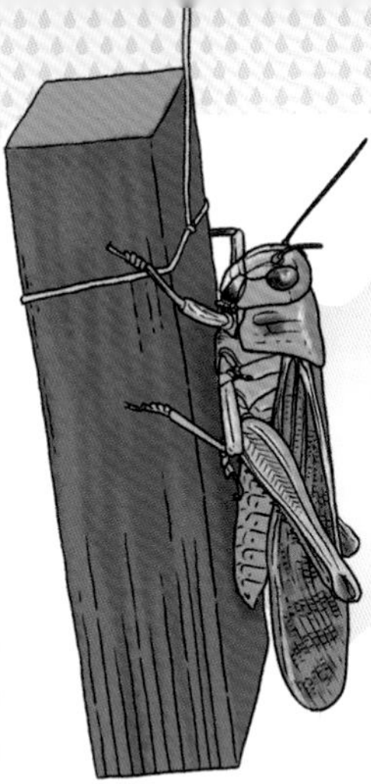

不僅如此，牠們也會為了留下自己的孩子而拚死拚活。例如：避免雌性與其他雄性交配，或是讓雌性只為自己繁衍後代，有些還會育幼，或是大量產卵……。

而在會結蛹的昆蟲身上，則可以觀察到任務的分工：幼蟲負責長大，成蟲肩負擴展生存場所與增加子嗣數量的任務。

觀看昆蟲努力生存的身影，真的讓人頗為動容。

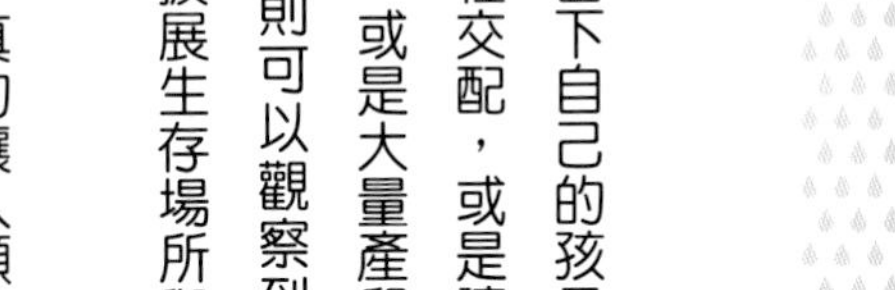

獨角仙

大打出手時，雌蟲就被趁隙奪走了。

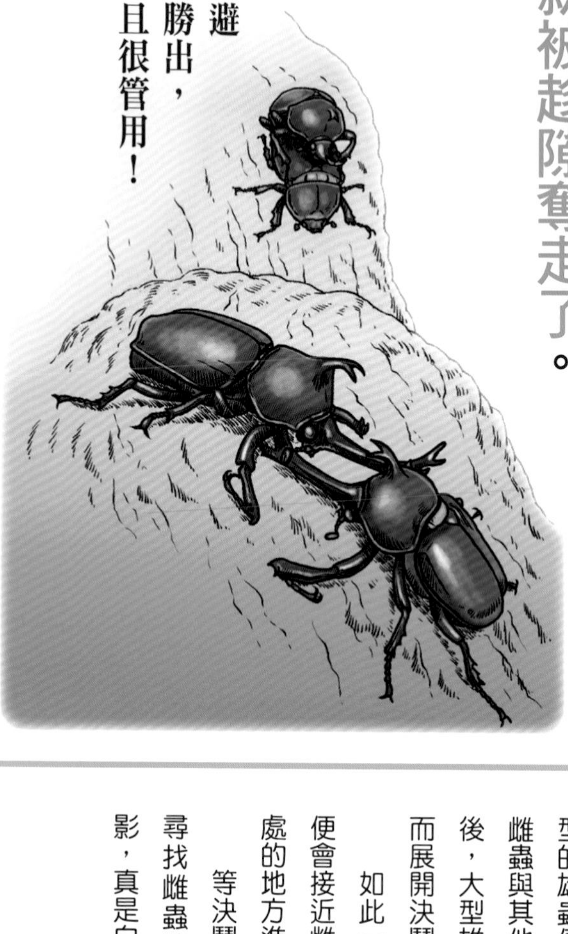

分類：鞘翅目金龜子科
分布：北海道～九州、沖繩群島
大小：體長27～59mm

獨角仙會聚集在樹液處，不分雌雄皆會趨往一處。樹液便是雄蟲與雌蟲邂逅之地。

當有較大型的雄蟲到來，小型的雄蟲便會稍微遠離樹液，待雌蟲與其他大型雄蟲皆來到一處後，大型雄蟲之間便會為了雌蟲而展開決鬥。

如此一來，先前的小型雄蟲便會接近雌蟲，在稍微遠離決鬥處的地方進行交配。

等決鬥中勝出的雄蟲再回頭尋找雌蟲時，雌蟲早已不見蹤影，真是白忙一場。

催淚指數 ✹✹

鋸鍬形蟲

分類：鞘翅目鍬形蟲科　分布：北海道～九州　大小：全長25～79㎜

被愛上了，就會慘遭囚禁。

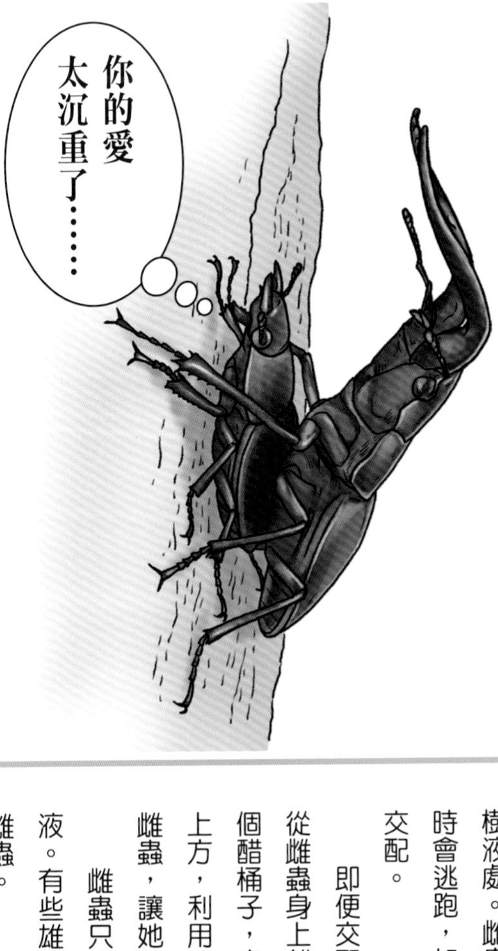

鋸鍬形蟲不分雌雄，都會受到酒精氣味的吸引而來到樹液處。雌蟲遇到不喜歡的雄蟲時會逃跑，如果有好感才會進行交配。

即便交配完畢，雄蟲也不會從雌蟲身上離開。雄鋸鍬形蟲是個醋桶子，竟然就此壓覆在雌蟲上方，利用6隻腳如牢籠般關住雌蟲，讓她哪兒都去不了。

雌蟲只好在這段期間吸食樹液。有些雄蟲還會緊追著逃脫的雌蟲。

自然界　人類與昆蟲　人類的任性

催淚指數

姬大鍬形蟲

分類：鞘翅目鍬形蟲科　分布：北海道～九州　大小：全長26～59㎜

雌蟲是我唯一的依靠。

姬大鍬形蟲是棲息於山毛櫸或水楢樹等，生長繁茂的涼爽森林裡。

這種鍬形蟲會破壞柳樹等的樹枝，吸食流出的汁液。會破壞樹枝的大部分都是雌蟲。雄蟲會來到雌蟲所在之處，吸取從雌蟲破壞的樹枝中流出的汁液。

雖表現出一副愛著雌蟲的樣子，但搞不好其實是喜歡流出來的樹液，雌蟲很可能被騙了。不過，雄蟲如果不受雌蟲青睞，幾乎是吸不到汁液的，真是令人為牠們掬一把淚呢！

催淚指數

印尼金鍬形蟲

分類：鞘翅目鍬形蟲科　分布：新幾內亞島　大小：全長19～51mm

雌蟲會來我切斷的菊花莖部處。

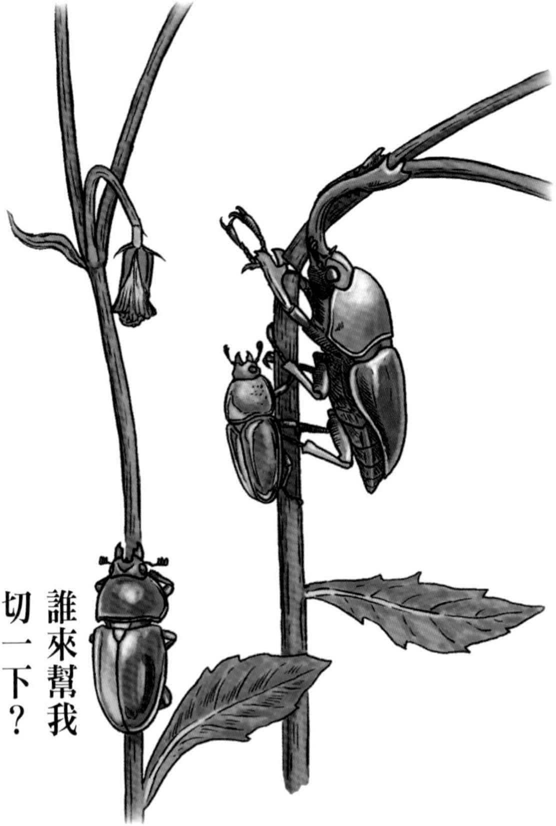

印尼金鍬形蟲是有著綠色、藍色，甚至是紅紫色外表的鍬形蟲。會在白天飛來飛去。

此蟲不會趨往樹液處，經常出沒於草叢而非森林裡，是一種與眾不同的鍬形蟲。

雄蟲白天會停駐在菊科植物的莖上，利用前足如菜刀般的突起來切斷莖部，舔食流出的汁液。雌蟲則無法自行切斷莖部，都是舔食雄蟲所切斷的莖部汁液。因為雌蟲沒有像雄蟲般的前足突出構造，便只能仰賴雄蟲維生了。

催淚指數

糞金龜

好不容易打造好的糞球經常被劫走。

分類：鞘翅目金龜子科
分布：亞洲、歐洲、非洲
大小：體長約30㎜

糞金龜的日文名漢字為「玉押黃金」，意即黃金球推手，推的便是「糞球」。只要一有牛等動物的新鮮糞便，雄蟲便會趨往糞便處，隨即打造一顆糞球並急忙滾離現場，等待雌蟲來糞球裡產卵。

這時，經常會殺出試圖掠奪糞球的傢伙。有些雄蟲會找上已經筋疲力盡的雄蟲，奪走其糞球，再利用偷來的糞球向雌蟲求愛。打造糞球的雄蟲沒得到半點回報。

催淚指數

大黑豔蟲

分類：鞘翅目黑豔蟲科　分布：四國、九州　大小：體長15～20㎜

我們是為了供眼下的幼蟲食用而產卵。

黑豔蟲是棲息於朽木之中。成蟲從始至終都是雄蟲與雌蟲兩兩成對，保護幼蟲遠離天敵或咬碎朽木餵食幼蟲等，對幼蟲的照顧無微不至。

然而，1對成蟲所產下的卵中，只有1隻能成長為成蟲。黑豔蟲一次產下3～4顆卵，但是從卵中孵化出來的幼蟲會同類相殘。雙親甚至會為了供應營養給存活下來的幼蟲而產卵，並用來餵食幼蟲。僅僅是為了手足所需的營養而被產下，這些卵的命運真是悲哀。

跌落時全家一起共赴黃泉。

催淚指數

埋葬蟲

父母失足，全家都會一起墜落

分類：鞘翅目埋葬蟲科
分布：北海道～九州
大小：體長23㎜

埋葬蟲的父母會育幼。孩子跟在父母後面，一起吃父母所食之物。食物含括了動物或昆蟲的屍體等，屬於肉食性。

然而，這些屍體有時位於水溝或洞穴中。當父母進入其中，孩子也會不假思索地跟隨而去。

結果父母和孩子都紛紛落入水溝或洞穴當中，苦苦掙扎卻誰也出不去。

跟隨父母的腳步卻一起掉了下去，真是太可憐了。

催淚指數

雜色螢火蟲

分類：鞘翅目螢科　分布：北美洲　大小：體長約20mm

誤以為是佳偶，結果被生吞活剝。

螢火蟲在夏夜裡閃爍，成群飛舞，真是美極了。至於牠們為什麼會發光，目的則是為了知會周遭的生物「我們是有毒的喔」。此外，雄蟲也會利用發光來邂逅雌蟲。

然而，有些螢火蟲會利用這點來為非作歹。雜色螢火蟲的雌蟲化為成蟲後，會獵食其他螢火蟲。可惡的是，牠們會模擬其他品種螢火蟲雌蟲的發光方式，把以為自己「遇上美麗的雌蟲」而飛撲過來的雄蟲啃食下肚。雄蟲真是可憐對吧！

秋窗螢

我始終維持幼蟲的外型。

誰快來發現我的存在！

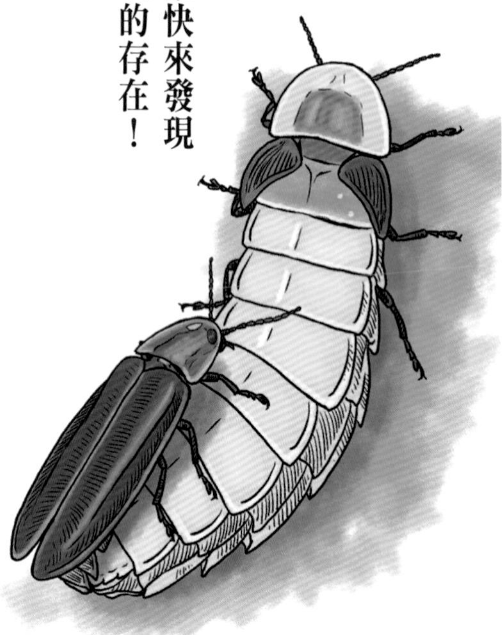

分類：鞘翅目螢科
分布：對馬
大小：體長約18㎜（♂）、約30㎜（♀）

對馬有許多與朝鮮半島或中國淵源深厚的生物。

秋窗螢便是如此，在日本只棲息於對馬。有別於其他螢火蟲，秋季才可見其身影。

雄蟲會飛，但雌蟲卻飛不起來……。雌蟲的一生從幼蟲到結蛹，再蛻變成外型如幼蟲般的成蟲。雄蟲則會竭盡全力找出這樣的雌蟲。

雌蟲不會飛，所以會發出光芒告知雄蟲自己的所在地。無法自行挑選伴侶，實在悲哀。

三葉蟲紅螢

分類：鞘翅目紅螢科　分布：東南亞　大小：體長65~75mm（♀）、7mm（♂）

雌蟲長得那麼酷，我卻其貌不揚。

外型酷似三葉蟲。

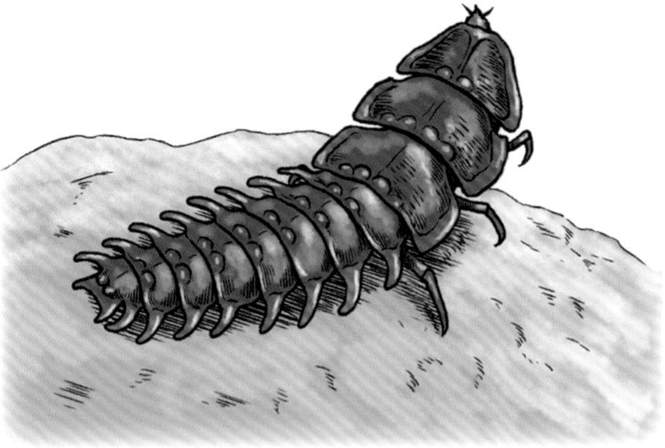

紅螢是近似螢火蟲的昆蟲，其中有一種名為三葉蟲紅螢的物種棲息於東南亞。這種紅螢的雌性成蟲身上沒有翅膀，胸部那一節變得巨大，頭部藏於胸中，腹部則較為小巧，在熱帶森林底下四處爬動。其身姿與遙遠太古時期棲息於海中的三葉蟲幾無二致。

有很長一段期間都未發現這種太古三葉蟲紅螢的雄蟲，似乎一直以來都被誤認為其他品種的雄蟲。雄蟲的外型與一般的紅螢無異，大小卻只有雌蟲的10分之1！

其實是個惹人厭的傢伙。

七星瓢蟲

分類：鞘翅目瓢蟲科　分布：日本全境　大小：體長8mm

顧人怨
才活得久

要找到七星瓢蟲並非難事，因為牠們有著紅配黑的顯眼色彩。為什麼會披著如此惹人注目的顏色呢？

七星瓢蟲一旦為鳥類所食，便會從足部分泌出黃色液體。這種液體極臭且苦，所以會害鳥類吐出來。曾把七星瓢蟲吃進嘴裡的鳥，會對這種味道與紅配黑的醒目外表難以忘懷，根本不會想吃第2次。瓢蟲正是以醒目的顏色來昭告天下「我很難吃喔」。

催淚指數 ✸✸

芫菁

產下的卵多不勝數，卻只有少數能化為成蟲。

人生全憑運氣

分類：鞘翅目芫菁科
分布：北海道～九州
大小：體長9～30㎜

芫菁會產下多達數千顆卵。幼蟲會進駐花蜂的巢穴，以其打造的花粉球為食。

然而，儘管產下如此大量的卵，仍舊難以大量繁殖。事實上，幼蟲能夠進到花蜂巢穴內都是靠運氣的。

雌蟲會在花蜂可能來訪的花朵附近產卵，孵化的幼蟲便等著訪花的花蜂上門。如果花蜂沒來，幼蟲就會死亡。

唯有運氣夠好、能在花蜂到來時緊抱其腳而被帶回蜂巢的幼蟲，才能化為成蟲。

一輩子與糞便形影不離。

糞金花蟲

分類：鞘翅目金花蟲科　分布：本州、四國、九州　大小：體長約3mm

糞金花蟲的幼蟲棲息於雜木林中，以麻櫟等植物為食。牠們會用自己的糞便打造囊殼並住在其中，行走時也會揹著該糞囊。

之後，幼蟲便在這種糞囊裡化為蛹。

成蟲會打破糞囊而出。原以為牠們會就此遠離糞便，誰知成蟲的外觀竟與芋頭蟲的糞便一模一樣，圓滾滾的。

從幼蟲乃至成蟲，皆以糞便的外型護身。這麼說來，還真是渾身是糞的一生……。

催淚指數

蔬菜象鼻蟲

沒有雄蟲。

分類：鞘翅目象鼻蟲科　分布：本州、四國、九州　大小：體長約10㎜

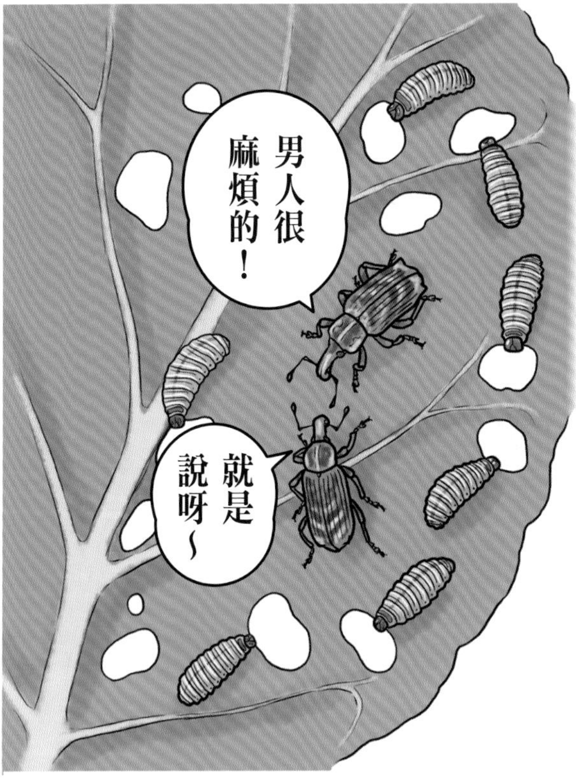

蔬菜象鼻蟲是原產自巴西的象鼻蟲，是會大肆啃食蔬菜等作物的害蟲，成蟲與幼蟲皆以葉片為食。

這種象鼻蟲在巴西等地有雄蟲與雌蟲，但在日本尚未發現雄蟲，似乎僅靠雌蟲來繁殖。

沒有雄蟲，所以不會交配。在未交配的情況下產卵，從中孵化出幼蟲，結蛹後化為成蟲。

在日本沒有雄蟲仍持續繁殖，也就是說……雄蟲根本是多餘的？

超可悲的實況

傳宗接代大不易！

繁衍子嗣乃頭等大事

傳宗接代對生物來說是最重要的事。因為如果無法留下子嗣，該生物將就此絕種。比方說，產下2顆卵（或是幼蟲）後，從而成長為2隻成蟲，再作為父母孕育出孩子，如此便可維持原本的數量。然而，事情往往不會這麼順利。有些在途中就一命嗚呼，因此生物必須大量產子。雖然昆蟲大多具備大量產卵的能力，幼蟲卻不容易生存下來。

昆蟲很脆弱

昆蟲也會為了留下子嗣而竭盡全力，卻很難讓幼蟲存活下來。

牠們的處境艱難，即便產下不計其數的卵，大部分都無法倖存。

這是為什麼呢？因為昆蟲是又小又脆弱的生物，會遭其他生物掠食。

柑橘鳳蝶所產下的卵，一開始就會面臨小型蜂（寄生蜂）在裡面產卵、卵內容物被啃食殆盡的危機。而孵化為幼蟲後，則會遭獵蝽等其他昆蟲捕食。長大以後又會為鳥類所食，還會遭胡蜂襲擊。更有甚者，還有昆蟲（寄生蟲）會把卵產在幼蟲身上，結果從蛹中跑出蜂類或蒼蠅的成蟲。

即便化為成蟲，被鳥、螳螂或蜘蛛襲擊而死的昆蟲也不在少數。

因此，昆蟲產下的卵當中，只有極少數能夠化為成蟲，並進行交配、產卵。真是太可憐了！

偶爾也會有大量繁殖的毛毛蟲，對吧？毛毛蟲似乎因為有毒，或是鳥類在掠食時易受其毛所阻，而較少遭鳥類捕食，但仍會被其他昆蟲寄生，大部分都會死亡。

而待在土中的幼蟲也並非安全無虞。像

獨角仙的幼蟲就會遭到螞蟻等天敵襲擊，有時也會被土裡的鼴鼠吃掉，能夠長為成蟲的寥寥無幾。也有雌蟲在產卵前遭鳥類掠食。

蟻類與蜂類也很辛苦

蟻類與蜂類的幼蟲不會遭受襲擊，在巢穴中成長茁壯後成為工蟻或工蜂。巢穴中的蟻類與蜂類數量可觀，似乎可以留下難以計數的子嗣。

然而，工蟻或工蜂無法繁殖後代，唯有新的蟻后或蜂后能夠傳宗接代。新的蜂后必須另築巢穴，直到巢穴擴大為止煞是勞心勞力。

螞蟻的新蟻后屬於有翅蟻。交配後會扯下自己的翅膀並產卵。然而，如果這時候現場有其他蟻類，就會遭受攻擊而亡。如果未能幸運飛到無其他蟻類的地方，就無法繁衍後代。此外，如果蟻窩較小，有時也會遭到其他螞蟻攻擊而全巢覆沒，新蟻后大多未能留下子嗣便一一死去。

初夏時期會有大量長腳蜂的小型蜂巢附著在岩石等處，但是入夏後便幾乎消失無蹤。這是因為在新的蜂后為了幼蟲而外出捕食的期間，經常會有其他昆蟲趁機吃掉其幼蟲，還會丟掉蜂巢。此外，有時也會遭到胡蜂襲擊。

昆蟲這種生物為了繁衍後代，可真是費盡千辛萬苦。

捻翅蟲

我們都寄生於胡蜂體內。

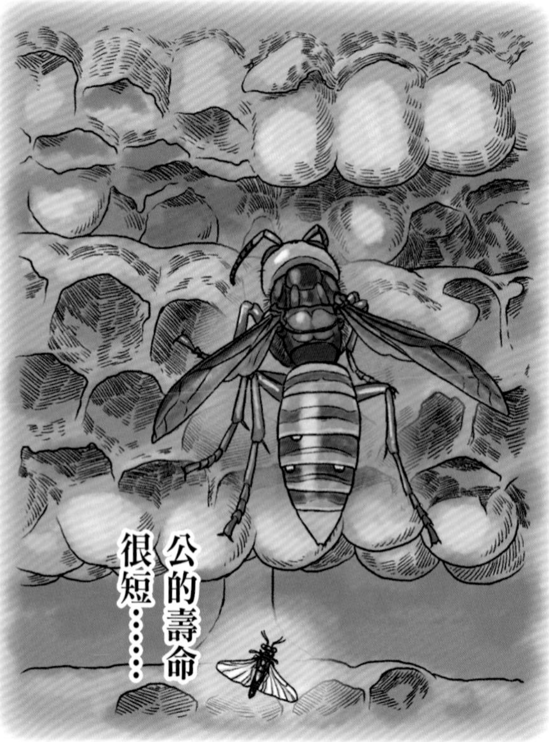

分類：捻翅目蜂螽科
分布：北海道～九州
大小：體長3～7mm（♂）、13～30mm（♀）

捻翅蟲會寄生於胡蜂體內，導致工蜂漸漸無法工作。如果被捻翅蟲寄生的胡蜂變多，蜂后有時甚至會捨棄蜂巢。

說到這種捻翅蟲，雌蟲一生都活在胡蜂的腹中，既沒有腳也沒有翅膀，外觀如蛆一般。

雄蟲化為成蟲以後會長出翅膀，但是竟然只能活4個小時，在這期間會與從胡蜂腹部隱約可見的雌蟲進行交配。

化為成蟲後才4個小時的壽命，實在太沒意思了。

催淚指數

薄翅黃蝶

分類：鱗翅目鳳蝶科　分布：北海道（大雪山）　大小：展翅寬50mm

有時會搞錯季節破蛹而出。

薄翅黃蝶的第1個冬季是在卵中度過的，第2年化為幼蟲，結蛹後便在蛹中度過第2個冬季，直到第3年才終於長為成蟲。

薄翅黃蝶所待的大雪山，在9月大雪紛飛過後，有時會再次回暖。如此一來，部分個體的蛹誤以為春天來臨，結果在夏末秋初之際羽化成蝶。

周邊幾乎不見其他同伴，也幾乎沒有能吸蜜的花朵，最終孤寂地死去。

歌利亞鳥翼鳳蝶

分類：鱗翅目鳳蝶科　分布：新幾內亞島及其周邊群島
大小：展翅寬約16cm（♂）、約21cm（♀）

同伴害我正在吃的草都枯萎了。

歌利亞鳥翼鳳蝶不分雌雄，腹部都長著紅色的毛。這是「有毒」的標記，鳥類不會掠食牠們。如此看來牠們應該會大量繁殖才對，但這種蝴蝶的數量卻極為稀少。這是為什麼呢？

此蝶的幼蟲吃掉1片葉子以後，會啃食自己所在處的莖，導致其他幼蟲正在吃的葉子枯萎。更有甚者，從植物上面爬下來後還會啃食其根部，致使上面還有其他幼蟲的植物整株枯死。這樣一來，化為蛹的數量減少，此種蝴蝶的數量當然也就不多了。

其他幼蟲實在太可憐了！

催淚指數 ✹

斑鳳蝶

無法大量繁殖是有原因的。

無法大量繁殖
也沒關係，
能夠存活下來就好……

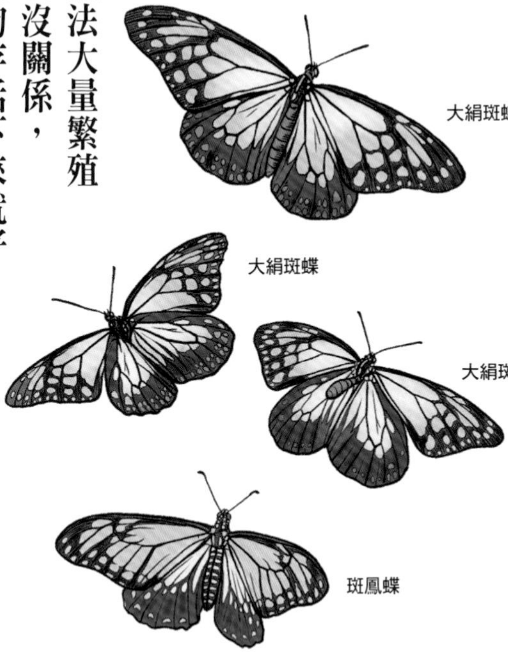

分類：鱗翅目鳳蝶科
分布：印度東北部～東南亞、台灣
大小：展翅寬約10cm

吃到有毒蝴蝶的鳥類會留下不好的印象，因此有毒的蝴蝶都會有著引起鳥類注意的鮮豔樣貌。

斑鳳蝶的外觀酷似有毒的大絹斑蝶，因此一般來說幾乎不會遭到鳥類攻擊。然而，一旦斑鳳蝶增加，有毒的大絹斑蝶比例就會減少。如此一來，開始有鳥類吃到無毒的斑鳳蝶，導致「神似大絹斑蝶的外表」這種效果大打折扣。維持不多的數量對斑鳳蝶而言，也是很重要的一件事。

催淚指數

稍微晚一點起床就會被吃掉。

黑灰蝶

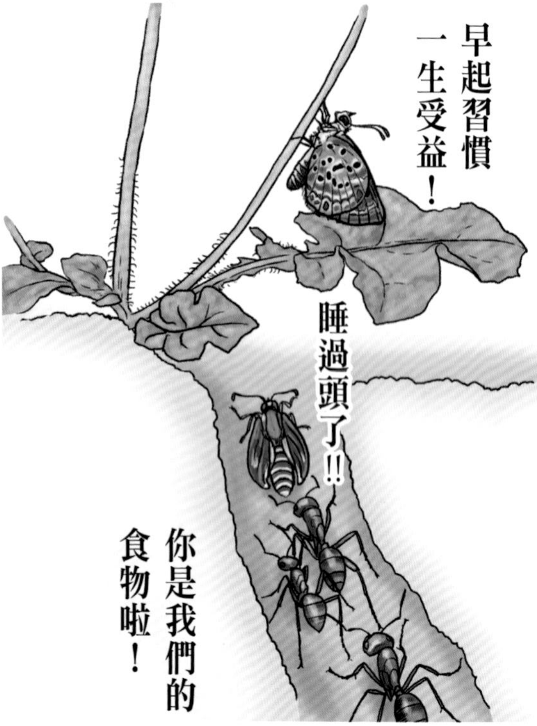
早起習慣一生受益！
睡過頭了!!
你是我們的食物啦！

分類：鱗翅目灰蝶科
分布：本州、四國、九州
大小：展翅寬32～42㎜

黑灰蝶是棲息於草原的蝴蝶。幼蟲會在日本弓背蟻的巢穴中長大，食物則是取自螞蟻。黑灰蝶的幼蟲會分泌螞蟻喜歡的物質，所以可以與牠們和睦共棲。

然而，羽化後的成蟲無法再分泌這種物質。成蟲在螞蟻還不太活動的一大清早便會完成羽化，並拚命跑到蟻巢外面、爬到植物上頭展開翅膀。而那些睡過頭的，則全部都會被螞蟻們吃下肚。明明直到前一刻都還以為彼此是朋友……。

催淚指數

密點玄灰蝶

分類：鱗翅目灰蝶科　分布：本州（關東地區以西）、四國、九州
大小：展翅寬約18～22㎜

吃掉太多草，結果沒法繼續住。

然後大家都紛紛離去……

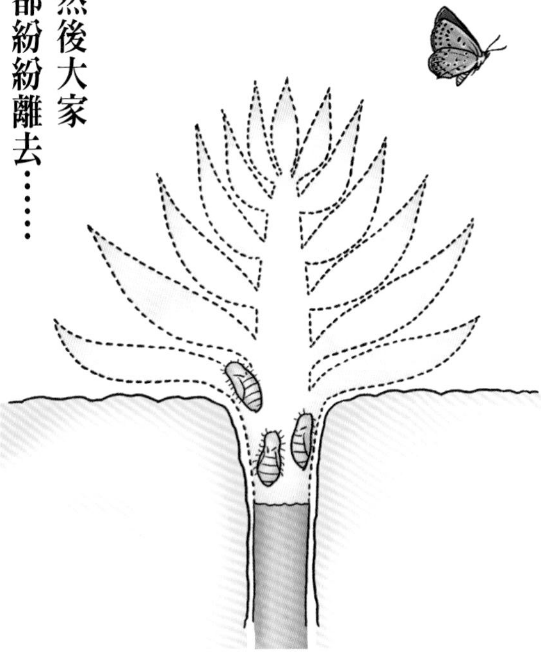

密點玄灰蝶的幼蟲，主要以一種名為昭和草的植物為食。昭和草入秋後會長大，但是春天只餘留較低矮的部分。密點玄灰蝶以幼蟲的狀態越冬，入春後便攝食殘留的低矮昭和草。

這種蝴蝶如果在秋天大量繁殖，越冬的幼蟲就會增加，牠們一株接著一株攝食低矮的昭和草，甚至會往下鑽把根部都吃掉。到了化為蛹的階段，早已把草吃個精光。

羽化後的成蟲會飛到別處去，不見蹤影。

催淚指數

飛到北方的同伴全都死光了。

豆波灰蝶

分類：鱗翅目灰蝶科　分布：本州（關東地區）以南　大小：展翅寬28～34㎜

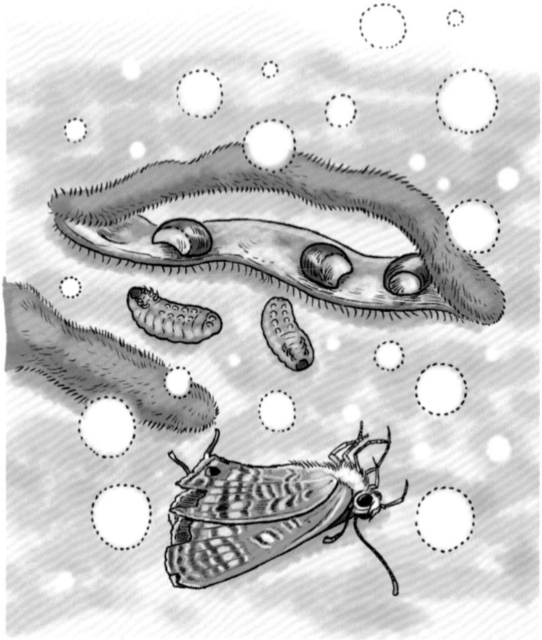

在北方大地全家覆沒……

豆波灰蝶是不耐寒的蝴蝶，成蟲會在溫暖之地越冬，尋覓豆科植物並產卵。

豆科植物在溫暖地區會早早開花，在涼爽地區則開得較晚，因此一些豆波灰蝶會飛往北方。

有些最後甚至飛抵北海道，其子嗣入秋後若還是幼蟲階段，會因不敵寒冷而死亡，成蟲也會因為無法返回南方而全員死絕。

原本是為了自己的後代而飛往北方，卻讓牠們不幸凍死，真是太悲傷了。

催淚指數 ✹✹

蘇鐵綺灰蝶

分類：鱗翅目灰蝶科　分布：可見於九州以南　大小：展翅寬28～36mm

不快點長大就死路一條。

蘇鐵綺灰蝶竟然在夏天只花3週便從卵孵化為成蟲，為什麼會這麼快速呢？

這種蝴蝶的幼蟲是以蘇鐵的軟嫩新芽為食。如果因為是新芽就以為會永保軟嫩，那可就大錯特錯了！

蘇鐵的新芽很快就會變硬，所以幼蟲必須趁葉子還沒變硬之前趕快長大，居然在2週之內便結成蛹。

葉子一旦變硬就無法食用，幼蟲會因而死亡。

催淚指數

我們必須經常旅行。

大絹斑蝶

過著怕冷
又怕熱的生活……

分類：鱗翅目蛺蝶科
分布：日本全境
大小：展翅寬10cm

5月左右在日本南方可以看到大量的大絹斑蝶，夏季則可見於中部地區或關東地區較涼爽的高原等處。

在這些地方一開始看到的都是翅膀殘破或髒兮兮的年老個體，之後便會看到在這裡羽化而成的全新個體。

中部地區入秋後便不見其蹤影，不過在日本南方則開始撞見大量出沒的大絹斑蝶。

為什麼會這樣呢？這是因為大絹斑蝶在夏季變熱後會飛至涼爽的北方旅行，秋季變冷後再遷徙至溫暖的南方。生活真的很不容易呀！

催淚指數

幻蛺蝶

雖然變美了，卻沒有明顯的特徵了。

已經不知故鄉為何處……

分類：鱗翅目蛺蝶科
分布：東南亞等
大小：展翅寬70～90㎜

幻蛺蝶是棲息於東南亞等地的蝴蝶。雌蝶近似於有毒的紫斑蝶等蝴蝶，一般認為拜此所賜，牠們遭鳥類捕食的情況並不嚴重。

以前幻蛺蝶的外貌依棲息地而有明顯的差異。然而，由於人類砍伐林木打造成田地等，使其橫越大海飛至其他島上，各個地區的幻蛺蝶就此混居。因此，如今有很多分不清出生地的個體。

催淚指數

端紫幻蛺蝶

分類：鱗翅目蛺蝶科　分布：東南亞　大小：展翅寬75㎜

雌蝶比較美。

在蝴蝶界中，雄、雌蝶的外貌幾乎無異，或大多是雄蝶比較美。也許是這樣邂逅雌蝶時有加分效果吧。

然而，不知何故，端紫幻蛺蝶卻是雌蝶比較美。雄蝶為褐色，雌蝶則閃著紫色光芒。拜此所賜，端紫幻蛺蝶便以「雌蝶明顯比較美」而聞名。

雌蝶會把卵集中產於一處，直到幼蟲鑽出卵殼為止，都會一動也不動地待在一旁守護著卵。美貌或許是神賜給這些盡心母親的禮物。

催淚指數

瞿眼蝶

後翅的眼紋經常被啄。

分類：鱗翅目蛺蝶科
分布：北海道～九州
大小：展翅寬33～40mm

瞿眼蝶的後翅背面有5個眼紋。在看到這種蝴蝶時，有些只有眼紋是破碎的。究竟為什麼呢？

這是鳥類造成的。鳥類以為眼紋部位是頭部而往該處啄，瞿眼蝶便可在鳥啄著眼紋時趁機逃走。雖然翅膀變得傷痕累累的，卻可以保住頭部。

因為有這麼多破碎的眼紋，瞿眼蝶才得以從鳥嘴下死裡逃生；多虧被啄破的翅膀，牠們才能夠撿回小命。

口器消失了。

大水青蛾

分類：鱗翅目天蠶蛾科　分布：北海道～九州
大小：展翅寬8～9cm（♂）、9～10cm（♀）

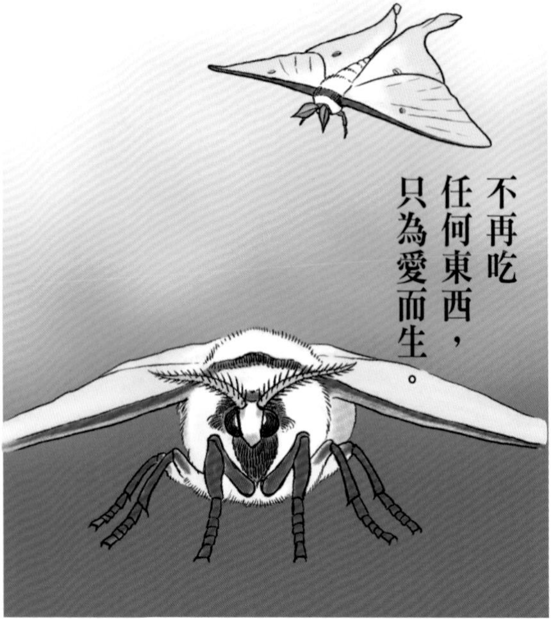

對於還看不習慣的人來說，大水青蛾快速拍動翅膀飛行的身姿，和肥滿的身軀都令人作嘔，但是觀察其靜止不動的模樣，會發現牠們其實是非常美麗的蛾類。

那麼，這種蛾類都吃些什麼呢？答案是什麼都不吃。原因是化為成蟲後，口器會消失。牠們會在幼蟲時期拚命貯存養分，成蟲階段也靠消耗那些營養過活。化為成蟲後無法活得長久，交配產卵之後，1週左右便會死去。

生得一副噁心模樣。

褐帶蟻舟蛾

分類：鱗翅目舟蛾科　分布：北海道～九州
大小：體長約30㎜（幼蟲）、展翅寬36～46㎜（成蟲）

只有上半身酷似螞蟻！

褐帶蟻舟蛾的幼蟲有著極長的腳。當牠們還是小巧的幼蟲時，會好幾隻聚集在胡枝子的樹枝上，吵吵嚷嚷地亂動。頭大胸細、腳長腹粗，行動就像螞蟻般匆匆忙忙。長得和螞蟻極其相似。外表很噁心，動作也很噁心，真是令人作嘔的幼蟲。

這種幼蟲一遇上敵人就會讓身體往後仰並縮起腳來，隨即釋放出名為甲酸的毒素，此時的姿勢十分帥氣。

催淚指數

一輩子足不出戶的千金小姐。

大避債蛾

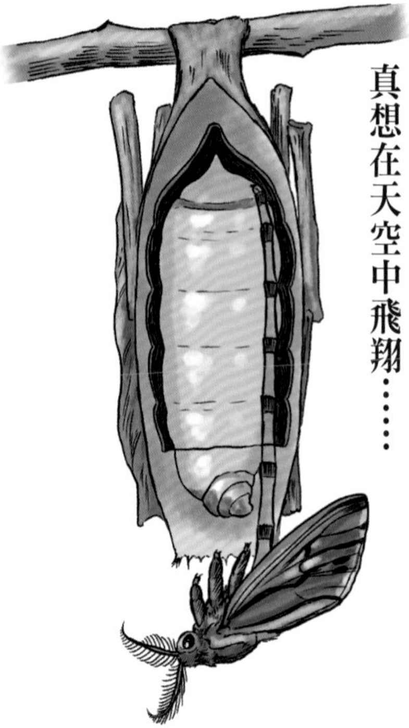

分類：鱗翅目蓑蛾科
分布：本州、四國、九州、沖繩
大小：展翅寬32～41㎜（♂）

大避債蛾的幼蟲會收集枯枝等來打造蓑衣，把身體放入其中，再探頭出來攝食葉子等食物。行走時會背著蓑衣，讓腳從蓑衣中露出來。最終在裡面化為蛹。

成蟲的雄蟲有翅膀，會四處飛。但是雌蟲沒有翅膀與腳，看起來很像芋頭蟲，也不會爬到蓑衣外。雄蟲會停駐在雌蟲的蓑衣上，伸長腹部與之交配。隨後，雌蟲便在蓑衣內產卵，最終慢慢死去。雌蟲一生都對外面的世界一無所知。

催淚指數

蜜罐蟻

一輩子都靜止不動。

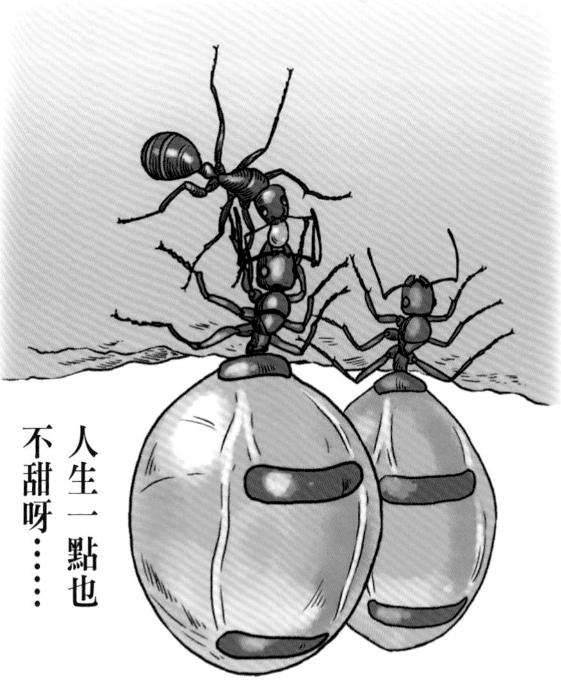

分類：膜翅目蟻科
分布：澳洲
大小：體長約12㎜

蜜罐蟻有在腹部貯存蜜汁的習性。話雖如此，也僅限於肩負貯存蜜汁之責的工蟻。這種貯蜜蟻會一直待在蟻窩內，一動也不動。

大家應該會認為：「既然貯存了蜜汁，就不必覓食了吧。」實際上，貯蜜蟻有一種用來貯存食物、名為「嗉囊」的器官，裡面的食物只能貯存，自己卻不能食用。

牠們真的是只為了「貯存蜜汁備用」這個任務而活，還真是可憐。

催淚指數

日本弓背蟻

分類：膜翅目蟻科　分布：北海道～九州　大小：體長7～12㎜

為了同伴奮戰，卻慘遭同伴殺害。

氣味是識別關鍵，
昨日之友乃今日之敵……

即便是同種類的螞蟻，也經常會與相鄰蟻窩的螞蟻打架。此蟻身體表面會分泌出油質，據說是依這種氣味來分辨是同巢的螞蟻還是他巢的螞蟻。

與其他蟻窩的螞蟻打了架的螞蟻，竟然會被其同巢的同伴所殺……。

打架的螞蟻身上會沾染其他蟻穴螞蟻的油質，嗅到這股氣味的螞蟻以為「這傢伙是其他蟻窩的螞蟻」，故而誤殺了同伴。真令人為牠們掬一把同情之淚！

催淚指數

黑山蟻

分類：膜翅目蟻科
分布：北海道～九州
大小：體長5～6㎜

自出生起便終生為奴。

即便換了地方，該幹的活沒有兩樣……

武士蟻會使喚淪為奴隸的黑山蟻工作。最初是由新蟻后侵佔黑山蟻的巢穴，然後該蟻巢內的黑山蟻，便會開始為武士蟻勞動。

最終，巢內的黑山蟻逐漸減少。如此一來，武士蟻的工蟻便會為了抓新的黑山蟻，而襲擊下一個黑山蟻巢穴，搶奪將來可充當工蟻的蛹或幼蟲，並帶回原本的巢穴。

不過，無論是在自家蟻窩還是在武士蟻的蟻窩，黑山蟻的任務並無不同。

催淚指數

黃猄蟻

利用幼蟲吐出來的絲築巢。

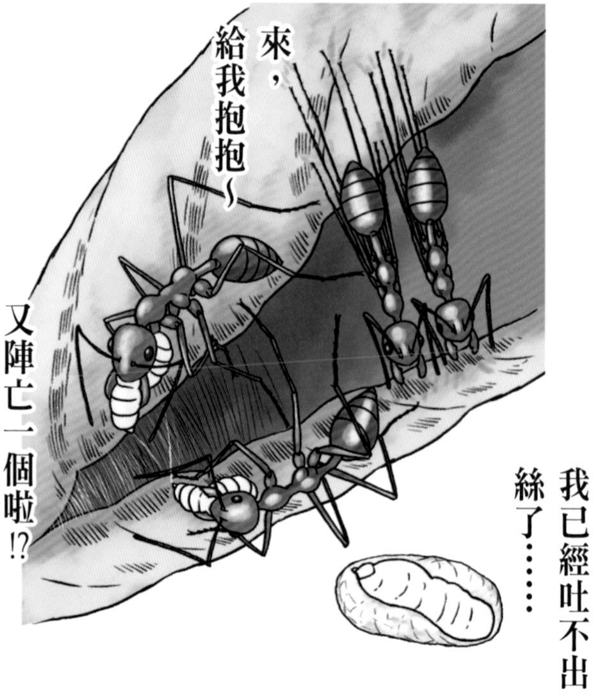

分類：膜翅目蟻科
分布：熱帶亞洲～澳洲
大小：體長10㎜

黃猄蟻會吐絲來綴合樹葉，在樹上織出巢穴，因此又名為織巢蟻。工蟻吐不出絲來，這些絲居然是來自幼蟲。

黃猄蟻的工蟻會利用下顎與腳將葉子拉近，接著由別的工蟻以下顎叼住幼蟲，帶到拉近的葉子處。接著，幼蟲便會從口中吐出絲來。工蟻叼著幼蟲往左右搖擺，讓絲沾附在拉近的葉子上，逐一黏合起來。

催淚指數

桑氏平頭蟻

分類：膜翅目蟻科
分布：馬來西亞、汶萊
大小：體長5㎜

捨命救助同伴。

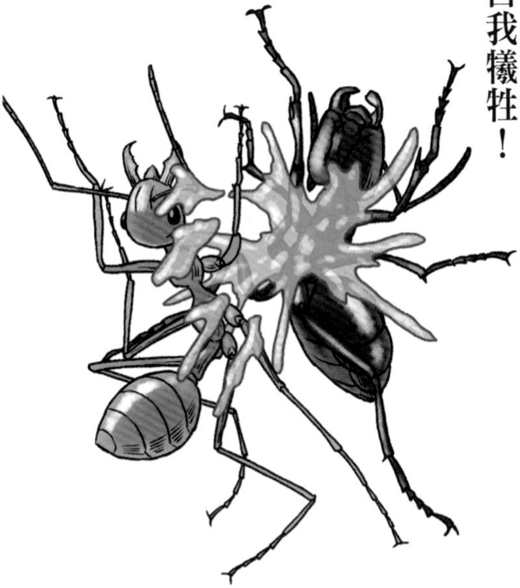

螞蟻會拚命地死守自己的巢穴。因為有時稍有差錯就會讓其他螞蟻進入巢穴中，吃掉裡面的幼蟲與蛹。因此，為了守護巢穴，牠們會卯足全力和其他螞蟻戰鬥。

桑氏平頭蟻這種螞蟻的戰鬥方式，和其他螞蟻有所不同。牠們竟會讓身體的一部分爆炸，從炸開處噴出黏黏的毒液，潑灑在敵人身上，死也要拖著敵人一起上路。

為了守護自己的家園，牠們真的可以犧牲自己，實在好讓人心疼呀！

頭部成為蟻穴的門塞。

催淚指數

平截弓背蟻

分類：膜翅目蟻科　分布：本州（關東地區）以南　大小：體長5㎜（大型工蟻）

平截弓背蟻有小工蟻與大工蟻之分。小工蟻會在蟻穴裡搬運食物，並照顧幼蟲、蛹與蟻后。

而這類工作大工蟻一概不負責。大工蟻的頭部前面，也就是臉部呈平坦狀。牠們的工作便是用這個平坦的臉堵住蟻穴入口，避免外來者進入蟻穴中。返回蟻穴的小工蟻會以觸角戳頂來傳送暗號，得到大工蟻放行才能進入穴內。

催淚指數

家蟻

幼蟲與蛹都被吃掉了。

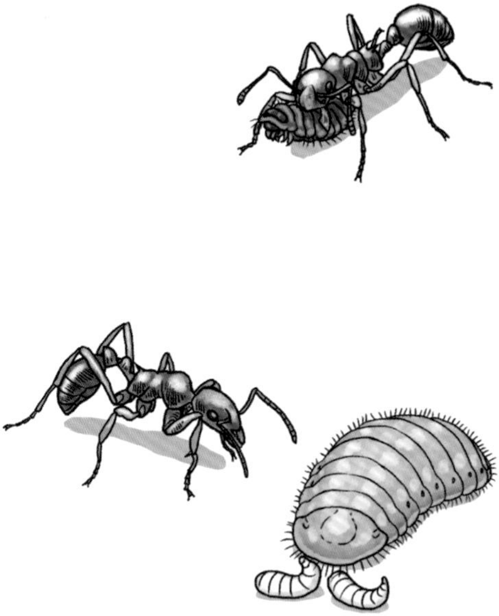

帶回來的灰蝶幼蟲簡直是惡魔！

分類：膜翅目蟻科
分布：北海道～九州
大小：體長3～5.5㎜

自然界

人類與昆蟲

人類的任性

有些灰蝶的幼蟲和螞蟻相處得很融洽。這些幼蟲會從背部釋放出蜜汁，或是螞蟻喜歡的物質，所以螞蟻有時會一直糾纏不清。其中一種灰蝶名為胡麻霾灰蝶。

這種胡麻霾灰蝶的幼蟲長大以後，家蟻就會開始纏著不放，最終乾脆把牠們帶回自己的巢穴裡。只是沒想到，胡麻霾灰蝶的幼蟲竟然就在蟻巢內吃光家蟻的幼蟲與蛹。家蟻還真是可悲！

超可悲的實況

好可憐的螞蟻！

世界上有超過1萬種螞蟻，日本約有280種。

螞蟻在熱帶地區種類繁多，是現存數量多不勝數的昆蟲，也是地球上一種舉足輕重的生物。

螞蟻很小，所以可能讓人覺得很可愛，但其實根本不是這麼一回事。

有些螞蟻會捕殺並吃掉小型蜥蜴等，有些還會從腹部末端釋放出毒液。

最近成為話題的紅火蟻，就會從腹部末端噴射毒液，藉此來傷害人類。

據說最強大的行軍蟻，甚至曾在隊伍行

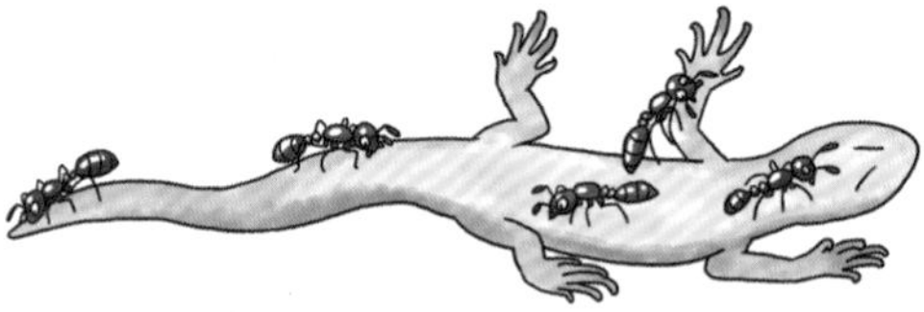

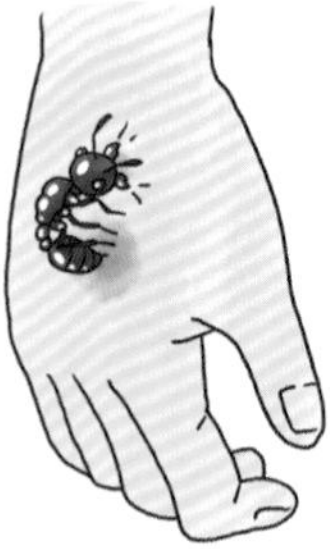

進時咬死途中遇上的牛。

故而許多動物都對螞蟻又怕又恨，似乎連胡蜂都感到畏懼而避之唯恐不及。

胡蜂的巢穴四周有遮覆物，而且只有一個從巢內通往外面的孔，據說這種構造是為了讓螞蟻難以靠近。

長腳蜂則會在蜂巢巢柄處沾抹螞蟻討厭的物質。

螞蟻說不定是地表最強的生物。

另有一些昆蟲與蜘蛛形似螞蟻。因為外觀與螞蟻極其相似，而免於遭受其他生物的攻擊。

然而，備受其他生物討厭的這些螞蟻，也是有弱點的。

蟻蜂

蟻蛛

螞蟻的巢穴幾乎不會遭受其他生物襲擊，幼蟲與蛹都能安全地成長。不過，也有不少昆蟲就在這樣安全的蟻窩中舒服自在地生活著。

待在蟻窩中感覺好像會被吃掉，但這類昆蟲卻不會被螞蟻攻擊，這是因為牠們會分泌出螞蟻喜歡的氣味或物質。拜此所賜，待在蟻窩中的昆蟲才能夠安然地存活下來。

此外，牠們身上沾染了該巢穴螞蟻的氣味，所以穴中的螞蟻會將其認定為同伴而非視為敵人。

不僅如此，這些昆蟲偶爾還會利用牠們的觸角和螞蟻進行交流，藉此獲取來自螞蟻的食物。

攝食螞蟻吃剩的殘渣等，也有清掃蟻穴的作用，所以對螞蟻而言也不無助益。然而，牠們吃的可不只有這樣。

待在蟻穴中的昆蟲，竟然還會趁螞蟻不注意時，偷偷吃掉螞蟻的幼蟲。

儘管如此，螞蟻仍不會攻擊這些昆蟲。無巢的行軍蟻等，甚至會連同與幼蟲待在一

起的這些昆蟲都一併搬運，是真的認定牠們為同伴。

該說螞蟻是濫好人嗎？一直以來都被利用，真是太可悲了！

更有甚者，螞蟻還會從外面把胡麻霾灰蝶等，以螞蟻為食的昆蟲帶回巢。如果沒帶回來，幼蟲就不會被吃掉，實在有點傻呀！

此外，螞蟻有時候也會被植物利用。有一些熱帶植物會有個便於螞蟻築巢的孔洞，螞蟻若在該處築巢，對這些植物來說可是大有助益。

這是因為螞蟻太可怕而遭嫌忌，只要該植物裡有蟻窩，以其葉子為食的動物就不會踏足。況且，螞蟻的糞便等會化為植物的養分，讓植物得以舒服自在地成長。居然連植物也在利用牠們，真的是好可憐喔！

螞蟻是一種強大的昆蟲，受到其他生物忌憚，所以才會有昆蟲棲住在蟻窩裡，甚至連植物都引誘牠們來築巢。

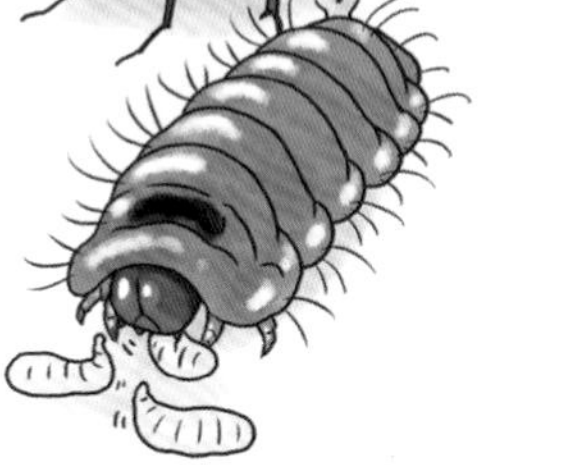

催淚指數

大虎頭蜂

分類：膜翅目胡蜂科　分布：北海道～九州　大小：體長26～44㎜

結果蜂巢裡一隻不剩。

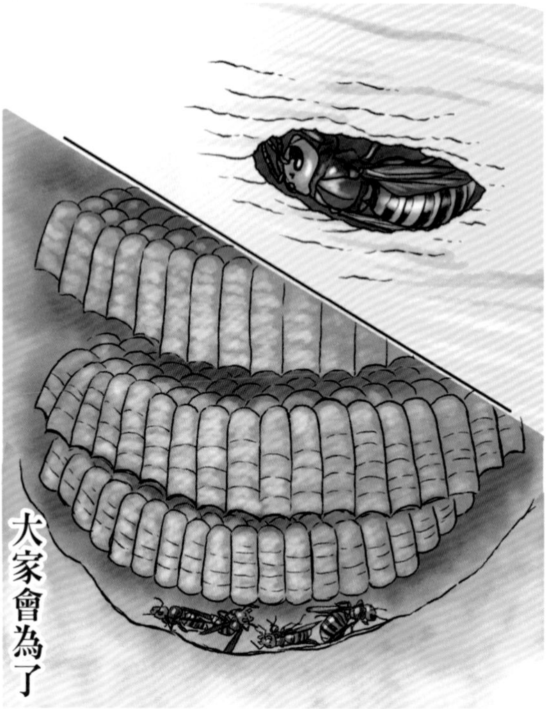

大家會為了新的蜂后相繼赴死！

自然界

人類與昆蟲

人類的任性

大虎頭蜂不光是針對其他昆蟲，也會攻擊其他胡蜂的蜂巢，將其幼蟲與蛹一個接著一個奪走，用來餵食自己的幼蟲。

其蜂巢如有侵襲者，即便是人類等哺乳類，有時也會被螫傷致死。

不過，這般駭人的大虎頭蜂卻是一種極其不耐寒的蜂類。入秋變冷以後，會一隻接著一隻減少……。

倘若培育出新的蜂后，那麼蜂巢內原本的蜂后最終也會死去，巢內一隻蜂也不剩，唯獨新的蜂后殘存下來。

催淚指數

一到外頭就完蛋了。

蜜蜂

在這之前都很幸福，
從現在起就是地獄了……

分類：膜翅目蜂科
分布：世界各地
大小：體長5～15㎜

雄蜂完全不事生產，食物全靠工蜂餵養，在蜂巢內過著美好的生活。工蜂皆為雌蜂，所以感覺很像靠女性吃軟飯呢！

這些雄蜂一輩子只到蜂巢外1次，此時便是要為新的蜂后與其他雄蜂競爭。

即便爭贏了也是悲劇，因為會在交配後死亡。

而爭輸了還是悲劇，就算想回到原本的蜂巢也會遭受工蜂攻擊，無法入巢而一命嗚呼。

這是一直以來太快活的報應嗎……？

催淚指數

每秒拍動翅膀500次也飛不快。

蚊子

一邊賣力拍動翅膀，一邊緊張地盯著手看。

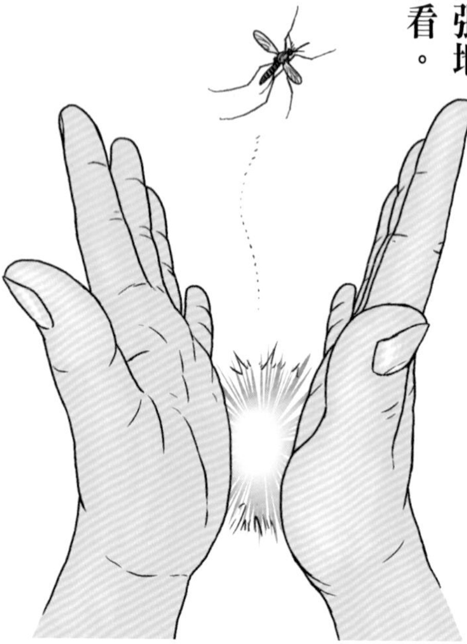

分類：雙翅目蚊科
分布：世界各地
大小：體長3～20㎜

蚊子1秒內拍動翅膀多達500次，以致只要蚊子在耳朵附近飛，就會發出「嗡嗡嗡嗡」的刺耳振翅聲，令人感到厭惡。

然而蚊子的努力只是徒勞，牠們無法飛得像蜻蜓那般快速。對牠們來說，停駐而不被人類察覺是很重要的。被發現時，通常是吸飽血正要起飛的時候。吸了滿肚子的血，會變得很笨重，所以飛的速度就更慢了。

如果拍動翅膀的速度與飛動的速度成正比，就不會被打扁了……。

催淚指數

舞虻

被雄虻帶來的假食物蒙蔽了。

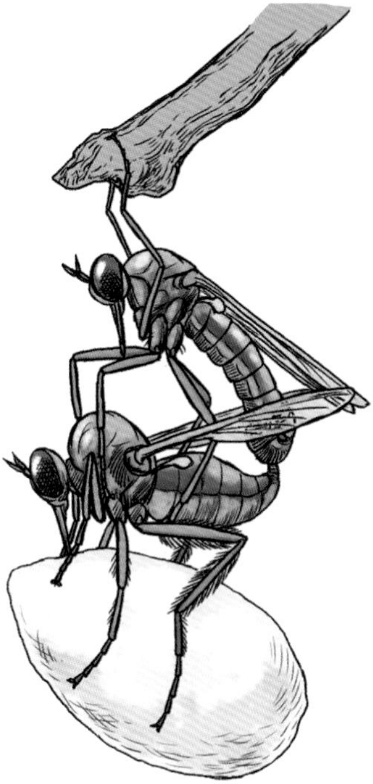

被禮物的外觀騙了！

分類：雙翅目舞虻科
分布：世界各地
大小：體長1～15mm

舞虻中的雄虻，會送禮物來向雌虻求愛，而牠們的禮物大多是昆蟲。

捕捉到昆蟲的雄虻，會成群飛舞等待雌虻，爭取來到虻群中的雌虻。

在交配期間，雌虻會享用雄虻獻上的禮物。

有些舞虻會吐絲來包捲獵物製成禮物，而更高招的品種，則是吐出絲線兜圈纏繞，但裡面空無一物，以此作為禮物。

雌虻上當了呀！

看起來不像昆蟲。

蝙蝠蠅

分類：雙翅目蝙蝠蠅科
分布：日本全境
大小：體長約3mm（姜宜蛛蠅）

蝙蝠蠅會待在蝙蝠的身體表面，是吸食蝙蝠血的蒼蠅近親。

蝙蝠蠅的雌蠅會在自己體內養育幼蟲，並於結蛹之前產出。生下來的幼蟲會先結蛹再化為成蟲，附著在附近的蝙蝠身上。

這種蝙蝠蠅沒有翅膀。為了緊緊抱住蝙蝠的身體，而有著又長又粗的腳。此外，牠們的頭部呈現從胸前往上突出的形狀，外觀乍看之下很像蟎或蜘蛛，不但令人毛骨悚然也不像昆蟲，好像有點讓人同情。

催淚指數

田鱉

卵會被其他雌蟲破壞殆盡。

分類：半翅目負蝽科
分布：日本全境
大小：體長48～65㎜

田鱉的雄蟲與雌蟲交配後，會守衛雌蟲於水草等處產下的卵塊。

卵粒一旦掉入水中，便會死亡，雄蟲會拚死守護牠們。

然而，還是有人會破壞這些卵塊，破壞者便是其他雌蟲，牠們一旦發現蟲卵，就會破壞卵塊並全部掃進水中。

那麼下一步會怎麼做呢？該雌蟲會與雄蟲交配、產卵，然後讓雄蟲保護自己的卵。

面對如此任意妄為的雌蟲，雄蟲真是苦不堪言。

催淚指數

油蟬

幼蟲在土裡待了5年之久，成蟲卻只能活1個月。

分類：半翅目蟬科
分布：北海道～九州
大小：體長34～38㎜

油蟬的幼蟲與成蟲都是吸食樹木的汁液維生。產於樹幹後的隔年，從卵中孵化的幼蟲便會鑽入土裡，待在裡面吸食樹根的汁液。其成長速度極其緩慢，在土裡一待就是5年。也有一些幼蟲在這期間被鼴鼠等生物吃下肚。

時序來到第6年的夏季，幼蟲會從土中鑽出並羽化，但成蟲卻只有1個月可活。化為成蟲以後，不是被鳥類捕食就是被人類抓走等，能夠活到最後一刻的油蟬更是少之又少。真是可憐！

碩大的頭部裡面空空如也。

催淚指數

南美提燈蟲

分類：半翅目蠟蟬科　分布：中美洲～南美洲北部　大小：體長8～10㎝

在空中飛舞，腦袋空空的南美提燈蟲

自然界　人類與昆蟲　人類的任性

蠟蟬有很多頭部形狀獨特的種類。尤其是這種南美提燈蟲，頭部竟和身體差不多大。

頭上有著眼紋，看起來隱約像蛇。

所以，原本以為這種南美提燈蟲的頭部裡面裝著什麼特別之物，誰知……裡面竟是中空的！

彈一下乾燥後的標本頭部，會發出「鏗」的迷人聲音。

如果這裡面裝了些什麼，就會重得飛不起來。

沒錯，南美提燈蟲如今仍在森林之中飛舞穿梭著。

催淚指數

蚜蟲

一輩子都不會化為成蟲。

我們也很想
長大成蟲……

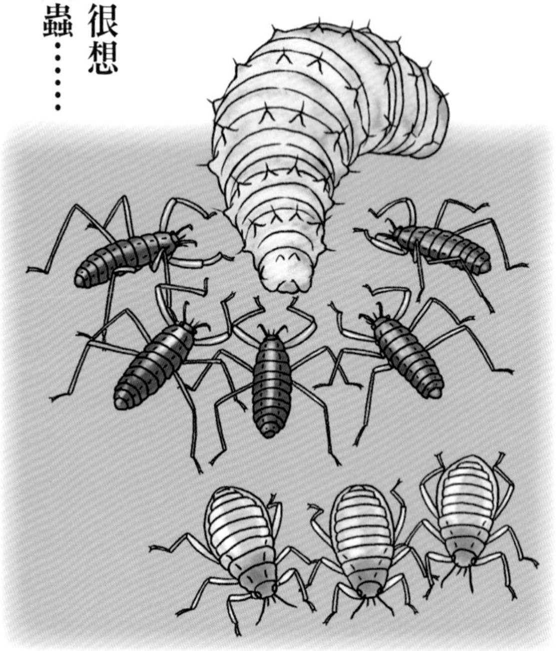

分類：半翅目蚜科
分布：日本全境
大小：體長1.5㎜（竹莖扁蚜）

大多數昆蟲的幼蟲遲早會化為成蟲，但是蚜蟲則有所不同。

這種蚜蟲的厲害之處在於：幼蟲的命運在出生那一刻便已底定。一批會化為成蟲，另一批則只是為了守護巢穴而生。

這就像「軍隊」一樣。

其中一批軍隊會和敵人奮戰以守衛巢穴，也會和瓢蟲戰鬥，最後以幼蟲之姿死去。

多虧其犧牲，另一批才能夠長大，最終化為成蟲。

自然界

人類與昆蟲

人類的任性

催淚指數

為了育兒窮盡心力。

濱海肥螋

分類：革翅目肥蠼螋科　分布：日本全境　大小：體長18～36㎜

養兒方知父母恩。

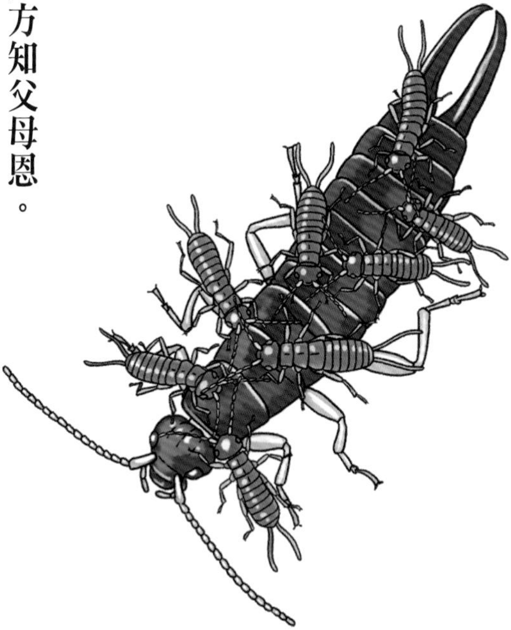

濱海肥螋的尾巴有個碩大的尾鉗，是用於防身或捕捉獵物。這種昆蟲都是集中產卵，雌蟲會拚死守護蟲卵以免遭敵人掠食，也會守護從卵中孵化出來的幼蟲。

在這段期間，雌蟲幾乎不會進食，最終慢慢死去。結果，幼蟲們竟然把死去的雌蟲身體啃食殆盡。

活著時守護卵與幼蟲，死後又把身體獻給幼蟲，真是太偉大了，令人動容！

催淚指數

這是緊急用糧食。

黃胸散白蟻

分類：等翅目鼻白蟻科　分布：日本全境　大小：體長3～6㎜（兵蟻）

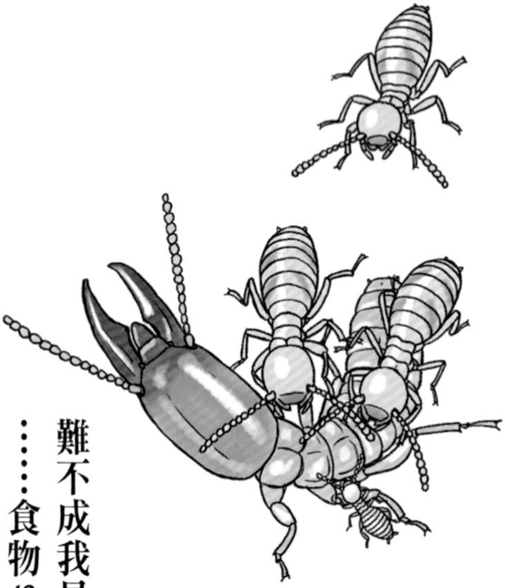

白蟻不僅有蟻后、蟻王與工蟻，還有兵蟻。兵蟻會維持幼蟲之姿結束一生。

黃胸散白蟻的兵蟻下顎較大，所以無法自行進食，是由工蟻來餵食。

其他白蟻中，大多數品種的兵蟻會在敵人來襲時發動攻擊來驅逐敵人，但是這種黃胸散白蟻的兵蟻卻不會進行攻擊。

當蟻窩中的食物減少時，兵蟻就會遭到工蟻攻擊而死亡，其龐大的身體便成了大家的食物。

家白蟻

從孩提時期開始工作。

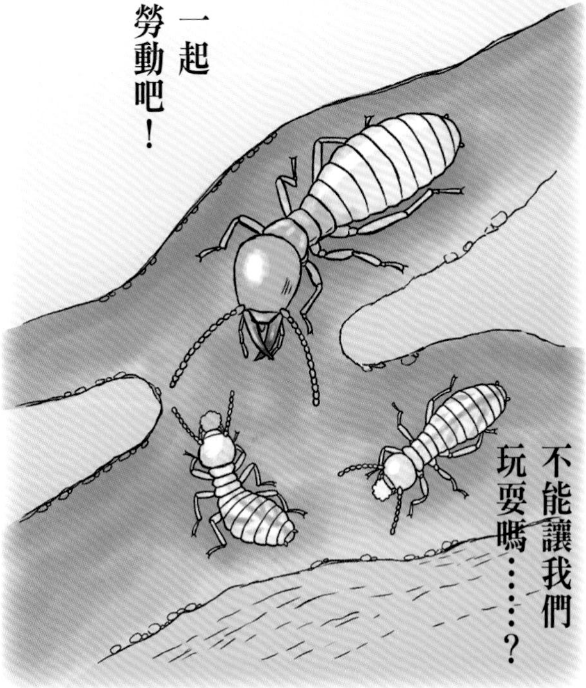

分類：等翅目鼻白蟻科
分布：本州～九州、西南群島等
大小：體長7～10㎜（蟻后、蟻王）

白蟻和螞蟻是不同種類的昆蟲。螞蟻是蜂類的同類，白蟻則是緣近蟑螂的昆蟲。兩者皆有蟻后，任務是產卵。

如果是螞蟻，蟻后所產下的卵都是由工蟻負責照料，就連幼蟲一直到成蛹、最後破蛹而出為止的照顧工作，都是工蟻一手包辦。在那之後便會有大量螞蟻作為工蟻來勞動。

然而，白蟻則是從卵中孵化出來後便立即上工。既要負責築巢，長大之後還要保衛蟻巢禦敵……。白蟻可不像螞蟻那般備受照護。

催淚指數

最初的食物便是親手足。

枯葉大刀螳

分類：螳螂目螳螂科　分布：北海道～九州、小笠原群島　大小：體長68～95mm

這是不折不扣的生存競爭！

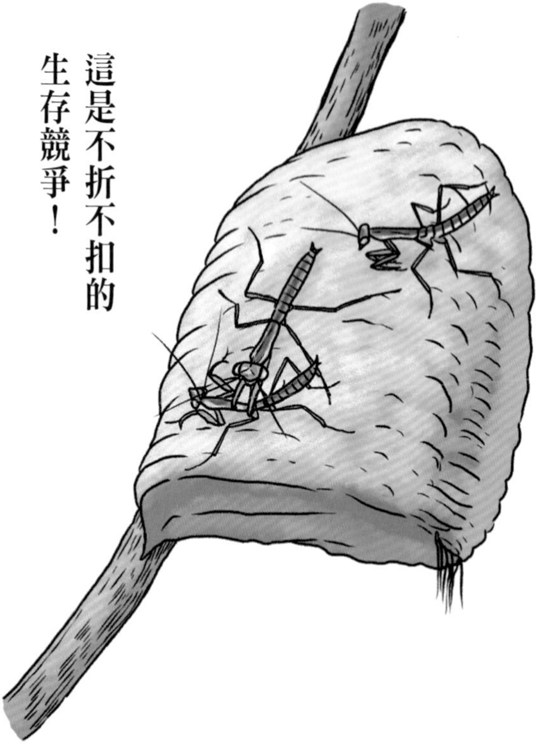

螳螂會在看起來像泡泡般的卵囊中，產下數百顆卵。幼蟲在卵裡越冬，入春之後才鑽出卵殼。牠們會自行覓食，試圖捕食任何在眼前移動的東西。而從卵中孵化出來的幼蟲四周，會動的東西是……。

沒錯，正是其他幼蟲，即自己的親手足。先從卵囊爬出來的幼蟲，會捕食後來出來的幼蟲。有時正在進食時，也會被其他幼蟲吃掉。

對牠們來說，競爭從出生那一刻起便開始了。

催淚指數

寬腹斧螳

分類：螳螂目螳螂科　分布：本州、四國、九州　大小：體長48～71mm

被體內的蟲操控而來到水邊。

輕而易舉被控制了……

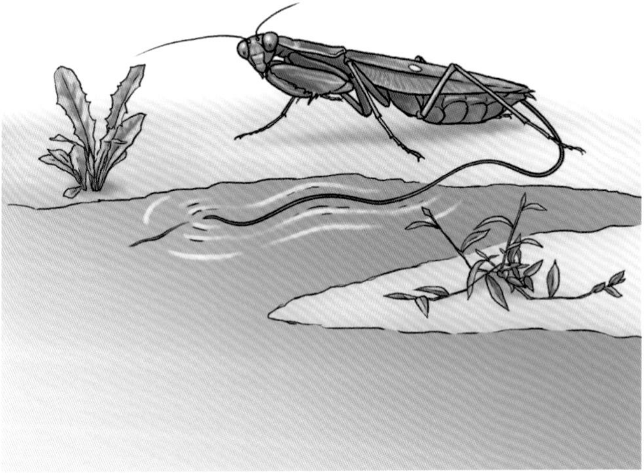

寬腹斧螳體內，經常有一種名為鐵線蟲的生物寄生。

牠們只要攝食體內有鐵線蟲的昆蟲，鐵線蟲便會進入牠們體內並逐漸長大。

鐵線蟲會在水中產卵，所以最終必須回到水中才行。

而螳螂居住在陸地上，所以鐵線蟲使出的伎倆竟是……往螳螂的大腦輸送某種物質，來加以操控牠們。先把螳螂帶到水邊，再從其尾部竄出。

催淚指數

會情不自禁
往又大又黑的物體上爬。

亞洲飛蝗

分類：直翅目蝗科　分布：日本全境　大小：體長35～40mm（♂）、45～65mm（♀）

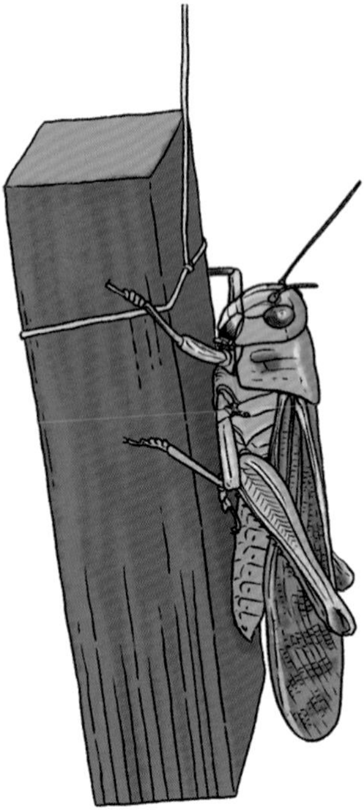

自然界

人類與昆蟲

人類的任性

秋天的草叢裡，經常可以看到亞洲飛蝗。雌蝗的體型較大。

雄蝗喜歡又漂亮又大隻的雌蝗，會爬到其背上試圖交配。這時，在一塊長9cm左右、塗成黑色的方形木材上綁條棉線，到草叢中引誘看看，結果……雄蝗就會一直爬、一直爬，爬到木材上面來。

看來，雄蝗會把體型比自己還要大一些、而且會動的物體誤認成雌蝗。

雄蝗爬上來後，是什麼樣的心情呢？應該會暗呼：「我又犯蠢啦！」

催淚指數

鈴蟲

有翅膀也飛不起來。

飛不起來也無妨，鳴唱即可、有你即可

分類：直翅目蟋蟀科
分布：北海道～九州
大小：體長約17㎜（♂）、約19㎜（♀）

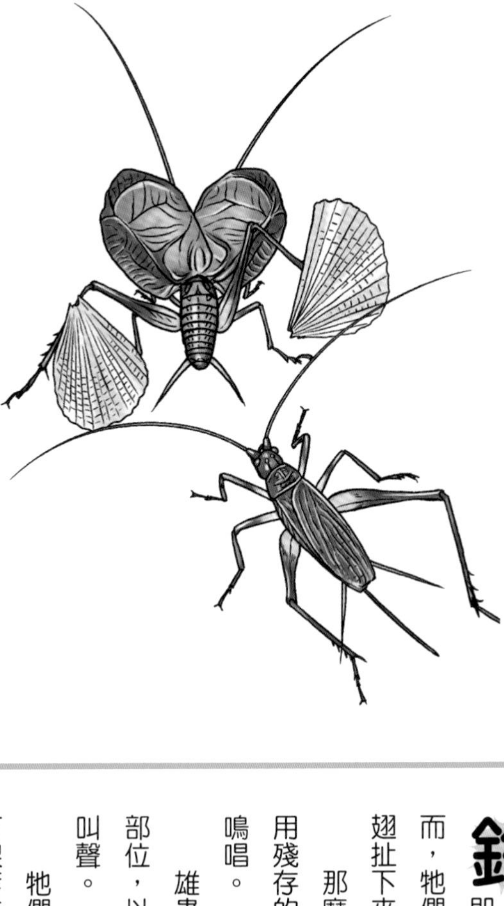

鈴蟲從幼蟲化為成蟲以後，即刻擁有4片翅膀。然而，牠們竟然會用腳，自己把後翅扯下來。

那麼，鈴蟲之後又是如何運用殘存的前翅呢？答案是：用來鳴唱。

雄蟲的前翅有個如銼刀般的部位，以該處互相摩擦來發出鳴叫聲。

牠們會在宣示自己的地盤或打架等時候鳴叫，不過最重要的目的是喚來雌蟲。

雌蟲則會被雄蟲鳴叫的音色引誘前來。

明明各方面都堪稱萬能，卻被叫做「螻蟻之輩」。

催淚指數

螻蛄

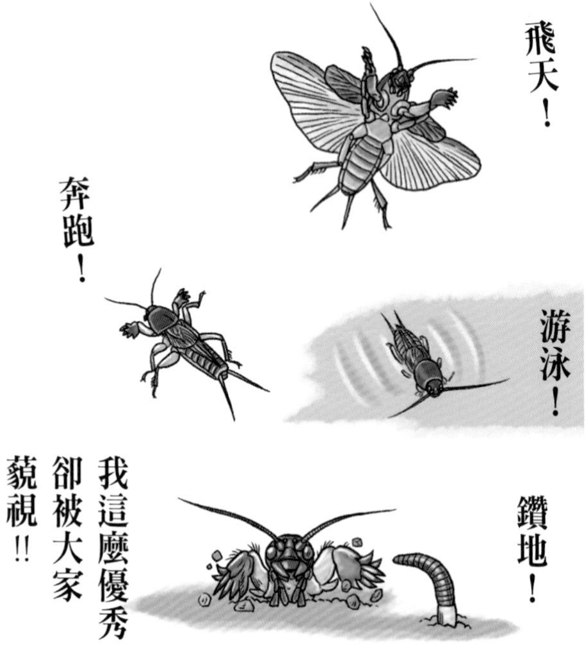

分類：直翅目螻蛄科
分布：日本全境、熱帶亞洲、歐洲、非洲、澳洲
大小：體長30～35㎜

大家都聽過「螻蟻之輩」這個詞嗎？指的是如同「螻蟻」一般無用，引申為「沒有價值、無足輕重之人」的意思。這裡所說的「螻」便是指螻蛄這種昆蟲。

螻蛄是一種近似蚱蜢或蟋蟀的蟲，牠們可以在天上飛，亦可在地上跑，還很擅長在水中游，或往土裡鑽。能飛天遁地，又水陸雙棲，再也沒有哪種生物像螻蛄這般萬能的了。牠們可是很優秀的昆蟲，這種說法太過分了！

催淚指數

紫紅蜻蜓

慘遭外來種取代。

真懷念人人說我們稀奇的那個時代

分類：蜻蛉目蜻蜓科
分布：四國、九州、西南群島
大小：體長32～43㎜

40年前，日本的紫紅蜻蜓只棲息於鹿兒島縣指宿市周邊，是相當罕見的蜻蜓。

然而，後來有一些棲息於台灣以南的紫紅蜻蜓飛進了八重山群島。

這些紫紅蜻蜓的體型比鹿兒島縣固有的品種還要大，最終還是來到鹿兒島縣本土小型紫紅蜻蜓的棲息地，甚至後來連九州各地與四國皆可見其蹤跡。

結果導致原本待在鹿兒島縣的紫紅蜻蜓漸漸不見行蹤。

催淚指數

蜉蝣

使盡全力飛往河川上游。

拚死拚活持續飛行，直到死亡……

分類：蜉蝣目
分布：日本全境
大小：體長7～25mm

蜉蝣這種昆蟲，大多棲息於河川上游。幼蟲皆在水質乾淨之處生活，羽化為成蟲後就什麼都不吃，只能活1天左右。

化為成蟲後，會在當天進行交配，雌蟲便要開始產卵，會進一步拚命往上游逆流而上。

途中會遭到蝙蝠、鳥類、蜻蜓或魚類等的攻擊。在產下卵之前，很多都慘遭生吞活剝。

蜉蝣的存活時間短暫，而且有些使出渾身解數也無法飛抵上游，真是太可憐了。

我們其實很怕冷。

幻想著溫暖的陽光，忍受著當下的寒冷

日本黃脊蝗

分類：直翅目蝗科　分布：本州、四國、九州、奄美大島　大小：體長50～70mm

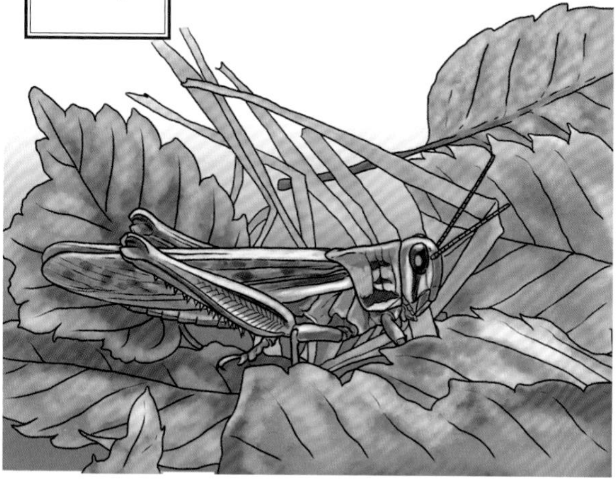

日本黃脊蝗是待在草叢裡的蚱蜢的同類。

牠們以成蟲狀態越冬，倘若所棲之處陽光溫煦，連冬天也能看見跳躍的日本黃脊蝗。

實際上，日本黃脊蝗的成蟲不耐冬天的冷冽，似乎都是待在暖和的地方熬過苦寒的冬天。

假如一直待在寒冷之地，牠們就會一命嗚呼。此外，酷寒若是延續數日，牠們有時也會不幸凍死。

明明不耐寒，卻必須以成蟲之姿度過冬天，真是可悲。

別叫我們害蟲！

「有害」或「有益」其實都是人類自作主張的看法。

白粉蝶的幼蟲，是以十字花科的蔬菜葉為食。植物帶有毒素是為了避免自己的葉片被吃掉，所以唯有能夠承受其毒素的昆蟲才能食用。例如，柑橘鳳蝶的幼蟲可以承受橘子葉的毒，卻承受不住十字花科植物的毒。所以能吃的食物是固定的，這就是昆蟲的悲哀。

前述的白粉蝶幼蟲會攝食蔬菜葉，所以葉片上殘留了幼蟲吃過的痕跡，賣相變得不佳。如果蔬菜田裡有大量的白粉蝶幼蟲，蔬菜便無法作為產品送進店裡販售，白粉蝶的幼蟲因而惹人厭惡，被稱為「害蟲」。

然而，白粉蝶的成蟲會趨往油菜或各式各樣的花朵，把花粉沾在雌蕊上，助其結出果實。在這方面則屬於「益蟲（為人類帶來利益的昆蟲）」。

是「害」是「益」往往隨著觀點而異。

長腳蜂與胡蜂是會螫人的「害蟲」。但是如果這些蜂類消失了，又會如何？牠們會捕食芋頭蟲或毛毛蟲，既然沒了敵人，芋頭蟲或毛毛蟲就會大量繁殖。若以這個層面來看，長腳蜂與胡蜂實屬「益蟲」。

有些情況下，殺死「害蟲」的殺蟲劑會導致「益蟲」死亡。蜘蛛類會捕食昆蟲，倘若這類會捕食「害蟲」的「益蟲」因為殺蟲劑而死掉，那麼所剩不多的「害蟲」會一口氣增加，造成更進一步的危害。此外，還會出現一些對殺蟲劑有著強大抵抗力的「害蟲」，導致殺蟲劑就此失效。

對人類有害的昆蟲著實可恨，但是牠們在大自然中也有重要的作用。即便是白粉蝶或胡蜂這類被稱為「害蟲」的昆蟲，對自然界也有很了不起的影響。

最可憐的當屬「騷擾性害蟲」，即光看就令人作嘔而招人嫌的昆蟲。也有人會請警察幫忙驅蟲，可是蟲並沒有罪呀！

昆蟲是世界上數量最多的生物。牠們會幫助植物結出果實、捕食其他昆蟲、把腐爛之物化為土壤等，與大自然有著錯綜密切的關係。因此昆蟲是非常重要的生物，依人類單方面的觀點稱為「害蟲」或「益蟲」，無論是叫的一方還是被叫的一方都很悲哀。

超可悲的實況

貢嘎山的悲劇

夢幻的蝴蝶

中國有一種蝴蝶名為二尾鳳蝶。

這種蝴蝶最初發現於中國的雲南省。有名英國森林探險家於1918年在雲南省探險時，偶然捕捉到雌蝶。他覺得還有必要抓到雄蝶，為了捕捉更多個體而在中國尋找這種蝴蝶。然而，這位森林探險家一無所獲，1932年在中國探險期間因病去逝。

在他離世後的1939年，有一位名叫萊利（Riley）的人，以新種的名義發表了

貢嘎山的位置。貢嘎山位於青藏高原的東部邊緣，標高很高，加上自南方海域吹來潮濕海風，所以是天氣相當惡劣的地方。

※貢嘎山又稱為「木雅貢嘎」、「岷雅貢嘎」或「貢噶山」。

右方連峰最高之處便是貢嘎山的山頂。如圖所示，這是一座山頂難辨的山，也有人因而在此山中喪命。

二尾鳳蝶。

這種蝴蝶和棲息於日本的日本虎鳳蝶（L. japonica），與棲息於東北亞的虎鳳蝶（L. puziloi）等虎鳳蝶屬幾無二致。日本的研究者和愛好家認為，此蝶說不定是結合虎鳳蝶屬與尾鳳蝶屬的品種，故竭盡全力搜尋這種蝴蝶。

直到日本與中國建交的1972年之前，日本人幾乎無法進入中國。即便建立了邦交，外國人能夠進入的地方都是固定的，因此無法自由地在中國尋找這種蝴蝶，是連棲息於何處都不得而知的生物。

在四川省貢嘎山捕捉到的二尾鳳蝶（並非北海道山岳聯盟成員抓到的）。這是最早有四川省的品種大量進入日本，令研究者興奮不已。

在雲南省捕捉到的二尾鳳蝶。與右上的四川省二尾鳳蝶相比，黃色較為顯眼。

挑戰貢嘎山

北海道山岳聯盟於1981年決定派出登山隊，挑戰坐落於中國四川省的高峰：貢嘎山。

貢嘎山是位於四川省青藏高原東部的山，高為7556m，雖然低於喜馬拉雅山脈的群山，卻也是一座山峰陡升而且山頂難辨的山。

不僅如此，來自印度洋的暖風加上青藏高原的冷空氣等，導致此處的天氣瞬息萬變。唯有5月左右與10月左右的天氣良好，可以登山的期間極短。

產自印度的尾鳳蝶。感覺與左下的日本虎鳳蝶有幾分相似。研究者一直在尋找介於尾鳳蝶與日本虎鳳蝶之間的蝴蝶。

日本虎鳳蝶。僅存於日本，因此研究者在尋找其起源。

至今為止，只有大約20人抵達頂峰。也有人登頂後，在下山途中身亡。試圖攀登此山的人當中，死亡人數多到數不清。

北海道山岳聯盟在5月試圖攻頂。登山時不光有登山者，還會有協助登山的人一起同行。

登山隊中有位熱愛蟲類的A先生。此人在貢嘎山周邊捕捉到形形色色的昆蟲——這亦是登山隊此次的重要工作之一。看他捕捉蝴蝶的過程似乎很有趣，所以另一位預計攻頂的B先生也開始捕捉蝴蝶。

他們在一個名為燕子溝的地方捕蝶時，在裡面發現陌生的蝴蝶。最後捕捉到14隻那種蝴蝶。

B先生囑託道：「如果我無法從山上平安歸來，請幫忙把牠們與我攜帶的物品一起送回日本。」

悲劇的二度發現

登山隊在那之後便朝山頂出發，一開始有9名隊員志在攻頂。

他們攀登至距離頂峰100m的地方，卻有一名隊員不幸在此時失足墜落。

在那之後，其餘的8人打算下山，結果以登山繩彼此相連的7人，一個接著一個墜谷。

貢嘎山是無比險峻的山。一旦墜谷，根本支撐不了多久。墜谷的8人皆未能獲救。倖存的那一人，當時才正要綁上登山繩，所以逃過一劫。

B先生便在登山墜谷的名單之中。按他留下來的遺言，其隨身之物及裝有前述蝴蝶的行李被送返北海道。一開始看到這些蝴蝶的昆蟲學者認為這些不是二尾鳳蝶，所以送往國立科學博物館確認，結果卻顯示：這些蝴蝶正是二尾鳳蝶。

足足相隔63年才再度發現這種蝴蝶，代價竟是失去8條寶貴的生命。

人類與昆蟲

總論

人類與昆蟲

人類是為求生存而改變環境的生物。

開拓草原、濕地與森林，打造了水田與旱田，又為了引水而開鑿水渠等。

有不少昆蟲因而增加，但是棲於草原、濕地與森林等處的昆蟲，棲息地卻減少了。

過去人類長期飼養牛或馬等牲畜，牠們多半養在草原上，所以人們一直以來都以對人類有利的方式來管理草原。草原就此不斷地擴展，生活在草原的昆蟲也隨之增加。

然而，進入近代之後，水田、旱田與草原有了急遽的變化。

以前的田地裡有土壤所形成的田埂或溝槽，如今則

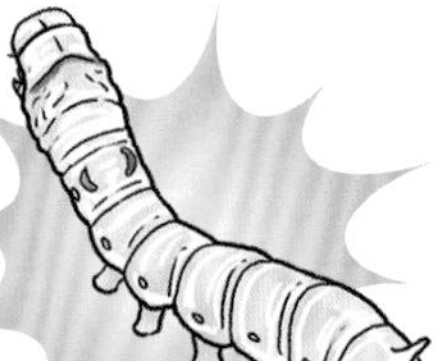

有愈來愈多人以混凝土來加強田埂或溝槽，入夏後便抽乾田裡的水。

原本棲息於田裡的昆蟲消失了，草原因為不再飼養牛隻而減少，田間小道也鋪成了柏油路，開始噴灑農藥等，這些都對昆蟲有不好的影響。

另一方面，人類一直以來都利用著昆蟲。蠶或蜜蜂等昆蟲，稱為家畜也不為過。而蠶若沒有人類，恐怕也活不了。

昆蟲的未來會隨著牠們與人類之間的關係而有所改變。有些昆蟲因為人類的利益，生存之道日益艱苦，著實可憐。

催淚指數

經常被汽車輾過。

御藏深山鍬形蟲

分類：鞘翅目鍬形蟲科　分布：伊豆群島（神津島、御藏島）
大小：體長24～35㎜（♂）、25～27㎜（♀）

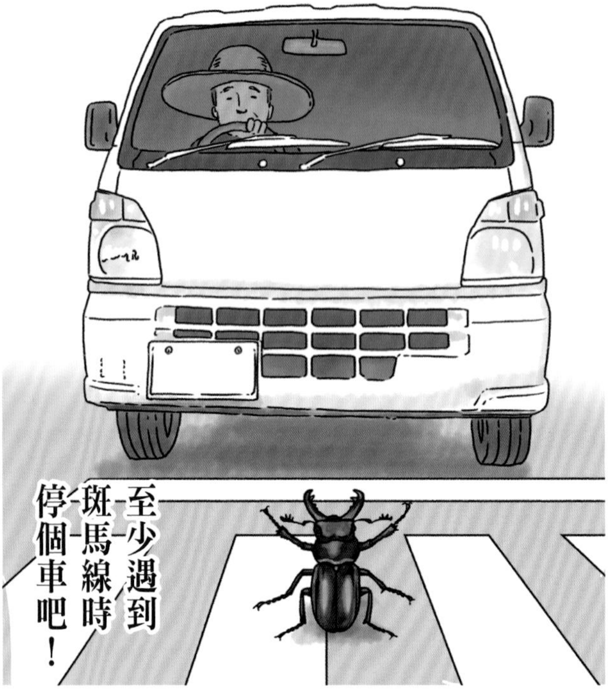

御藏深山鍬形蟲僅僅存在於伊豆群島中的御藏島與神津島。

這種鍬形蟲不會飛，以步行移動，所以有時會在路上發現其身影。古代沒有汽車、沒有柏油路，也沒有混凝土水溝，所以可以安全地在路上行走。

但是如今汽車熙來攘往，走在路上極其危險。如果掉進水溝裡，有時也會爬不出來而一命嗚呼……。

御藏深山鍬形蟲在現今這個時代愈來愈難生存了。

催淚指數

蜣螂

現在的牛糞簡直難以下嚥。

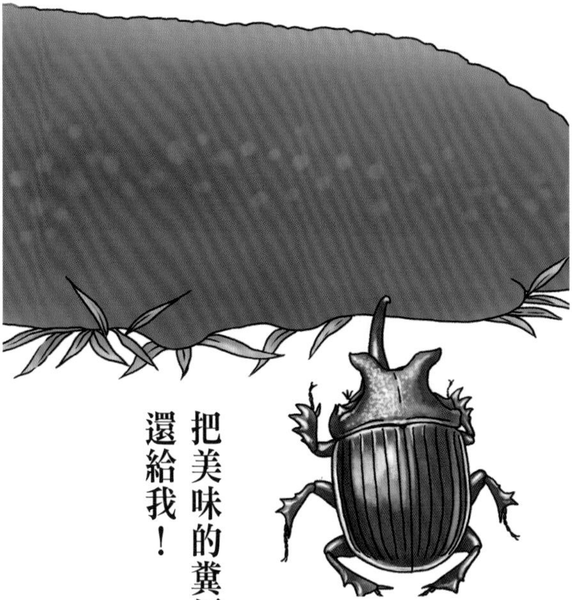

分類：鞘翅目金龜科
分布：北海道、本州、九州
大小：體長18～30㎜

蜣螂這種甲蟲，以前常聚集在牛或馬等的糞便處，如今此景幾不復見。

以前的牛或馬都是以草為食，排出的糞便十分溫和鬆軟。然而，現在都餵牛或馬吃混合飼料，所以糞便變得黏稠不已，蜣螂無法攝食這樣的糞便。

此外，牠們也會在地面上挖洞，然後再以糞便製成的糞球填埋，但是適合挖這類洞穴的地面也變少了。

都是可恨的混合飼料與柏油路害的！

催淚指數

混凝土是我們的敵人。

日本大龍蝨

分類：鞘翅目龍蝨科
分布：北海道～九州
大小：體長34～42㎜

日本大龍蝨棲息於蓄水池或水田等處，屬於水生昆蟲，在水中攝食其他昆蟲或死魚等。幼蟲也以相同的東西為食，長大後便爬上陸地，並鑽入土中化為蛹。

然而，最近有愈來愈多地方以混凝土來加固田畔、水渠與蓄水池，幼蟲會因無法鑽進土裡而沒辦法結蛹。

此外，現在經常會在夏季抽乾田中的水，這麼一來，幼蟲便死在乾涸的田裡，致使日本大龍蝨的數量日減。

被蛙類吃下肚。

小笠原虎甲蟲

分類：鞘翅目虎甲科　分布：小笠原群島（父島、兄島）　大小：體長10～13㎜

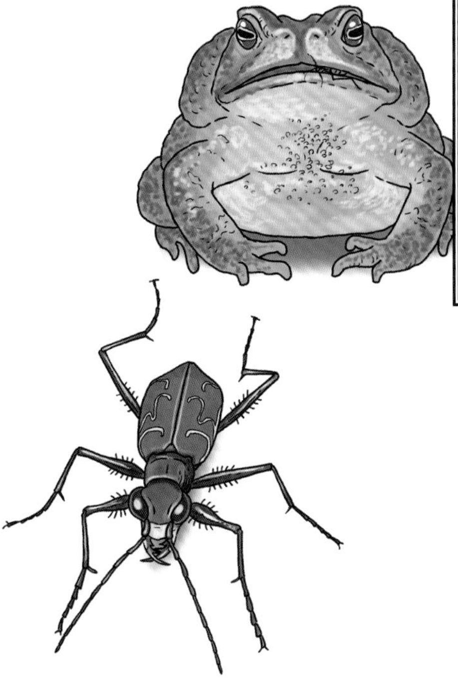

島上的青蛙以虎甲蟲為食

小笠原虎甲蟲僅棲息於小笠原群島，屬於虎甲蟲類。

自從有人類在小笠原群島定居之後，原為其棲息處的沙地變窄、變少，從國外流入島內的海蟾蜍又帶來致命一擊。

這種蛙類無所不吃，小笠原虎甲蟲從未有過這樣的敵人，想必一個接一個被狼吞虎嚥地吃下肚了吧。

如今，父島上已經沒有小笠原虎甲蟲出沒，兄島上也著實銳減了許多。

催淚指數

衣櫥裡跑出了吉丁蟲。

吉丁蟲

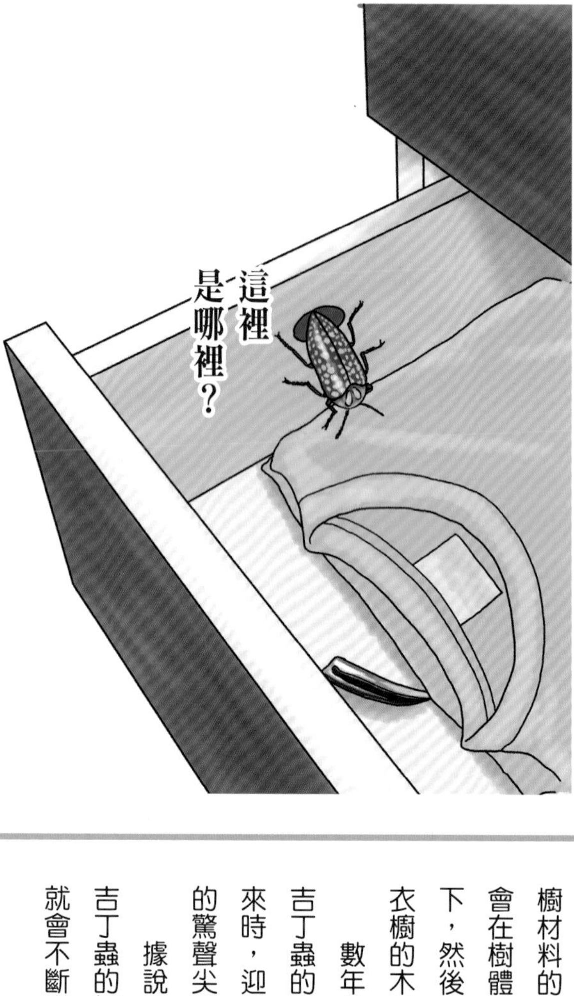

分類：鞘翅目吉丁蟲科
分布：世界各地
大小：體長3～80㎜

吉丁蟲的幼蟲，會待在樹幹裡面啃食木頭長大。

國外有些吉丁蟲會在作為衣櫥材料的木柴上產卵，樹木有時會在樹體裡有幼蟲的情況下被砍下，然後吉丁蟲的幼蟲便在製成衣櫥的木材中緩慢成長。

數年後，不對，十幾年後，吉丁蟲的成蟲便冒了出來。跑出來時，迎接牠們的便是「啊～」的驚聲尖叫。

據說日本古代認為，只要將吉丁蟲的翅膀放進衣櫥裡，和服就會不斷增加……。

催淚指數 ●●

白條天牛

分類：鞘翅目天牛科　分布：本州、四國、九州　大小：體長40～55㎜（成蟲）

和木柴一起被燒了。

啪地大聲宣告，此時是最佳品嚐時機

白條天牛的雌蟲會在枹櫟或麻櫟劣化的木材中產卵，也會在人類砍下作為薪柴備用的木柴裡產卵。

被砍下來當作薪柴使用的木柴，最終會被燒掉，如此一來，就會連同在裡面長大的幼蟲也一起焚燒。

然後，遭火紋身的幼蟲便就此死去，發出「啪」的聲響。

據說以前的人聽到這個聲音後，便會從薪柴中把幼蟲挖出來品嚐。是什麼滋味呢？據說「很像巧克力的味道」。

催淚指數

以前遭受過槍擊。

亞歷珊卓皇后鳥翼蝶

分類：鱗翅目鳳蝶科　分布：新幾內亞島　大小：展翅寬30cm（♀）

撒下紅色網子我們就會自投羅網，何必開槍？

亞歷珊卓皇后鳥翼蝶的雌蝶，展開翅膀竟然有將近30cm。

新幾內亞島的高聳樹木上，似乎常有雌蝶飛舞，捕蟲的網子根本搆不著。那麼以前的人無論如何都想捕到手時，採取了什麼樣的手段呢？

他們竟然以子彈會四散的散彈槍擊落蝴蝶，或是使用末端分成好幾岔的箭，拉弓將其射落。因此亞歷珊卓皇后鳥翼蝶的老舊標本上，都有大量的孔洞。如今已經知道牠們會趨往紅色處，便以紅色網子來捕捉。

催淚指數

柑橘鳳蝶

其實是花心大蘿蔔。

分類：鱗翅目鳳蝶科
分布：日本全境
大小：展翅寬65～90㎜

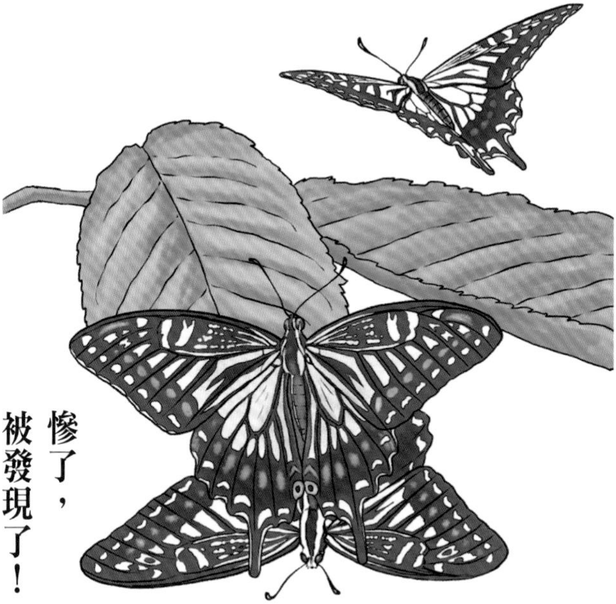

昆蟲學者原本認為，柑橘鳳蝶等各種蝴蝶，只認定最初的雄蝶為結婚對象，後來漸漸發現柑橘鳳蝶會與其他雄蝶交配好幾次。

牠們一開始交配後，大約1週內會順利產卵，1週過後則產卵量減少。

實驗結果顯示，這時讓雌蝶再與其他雄蝶交配，產卵量又會一下子遽增。

雌蝶可以愛著多隻雄蝶。以前的昆蟲學者為什麼會認為「交配對象只限1隻」呢？

感覺就像人類飼養的蝴蝶。

白粉蝶

分類：鱗翅目粉蝶科
分布：日本全境
大小：展翅寬44～55㎜

每到春天，高麗菜田或白蘿蔔田中，經常可以看到白粉蝶的身影。

其幼蟲會啃食高麗菜、白蘿蔔、油菜、白菜等「蔬菜」的葉子。這類蔬菜全是自國外引入的，日本原生的植物白粉蝶幾乎不吃。換言之，一般認為白粉蝶是從國外進駐的蝴蝶。

牠們幾乎只攝食「蔬菜」，所以都是待在田地或庭院裡。在沒有種植「蔬菜」的地方無法存活，全仰賴人類而生。

催淚指數

花弄蝶

分類：鱗翅目弄蝶科
分布：北海道、本州、四國
大小：展翅寬25～28㎜

不再飼養牛隻後便不復存在。

花弄蝶皆棲息於草原或牧草地上，幼蟲以三葉委陵菜或莓葉委陵菜這類植物為食。

這些植物只會長在草類生長高度較低之處，因此花弄蝶出沒的草原，通常都有牛隻食草，或是有農民在割草，草才不會長得太高。

然而，如今……。人們不再養牛，沒了牛吃草，也沒有人割草，草原上的草便愈長愈高。幼蟲所食的植物逐漸消失，花弄蝶也隨之減少，真令人傷心。

催淚指數

以前都把蛹繭作為錢包來使用。

皇蛾

分類：鱗翅目天蠶蛾科
分布：八重山群島、印度、東南亞～中國、台灣
大小：展翅寬約19cm（♂）、約20cm（♀）

自然界
人類與昆蟲
人類的任性

皇蛾是日本最大型的蛾。這種蛾都棲息於人類住處附近或平地，很少待在深山裡。

此蛾的蛹繭又大又薄，又輕又結實，充當容器最為合適。以前的人們都把它當成現成的錢包來用。

在山裡找到鑽出孔的蛹繭，便可直接作為錢包使用，但如果是裡面裝有活蛹的繭……。

很可悲的是，從中羽化的成蟲會被製成標本或飾品的材料，作為禮品來販售。

催淚指數

蠶蛾

蠶繭原封不動直接水煮。

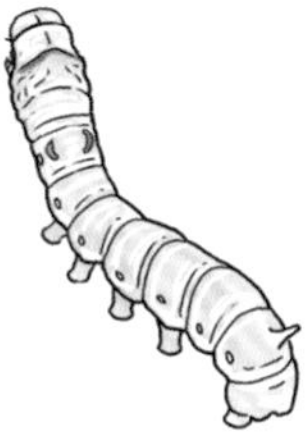

分類：鱗翅目蠶蛾科
分布：日本全境
大小：展翅寬約30mm（♂）、約45mm（♀）

蠶蛾的幼蟲稱為「蠶」。這種蛾其實是人類為了自身利益而馴化豢養的一種「生產工具」，僅僅是為了採集蠶絲而飼育。

讓蠶吃下大量的桑葉，吐絲打造出碩大的蠶繭，待其化為蛹之後……。

等蠶繭固定成形，蛹就會被水煮而死。蠶繭則先抽解出絲線並捲繞起來，經過紡紗後製成蠶絲線。

不過，以蠶繭製成的絲織和服可以保存很久，這點令人稍感欣慰……。

豹燈蛾

不禁往篝火飛撲進去。

飛著飛著
便進到火裡的夏蟲

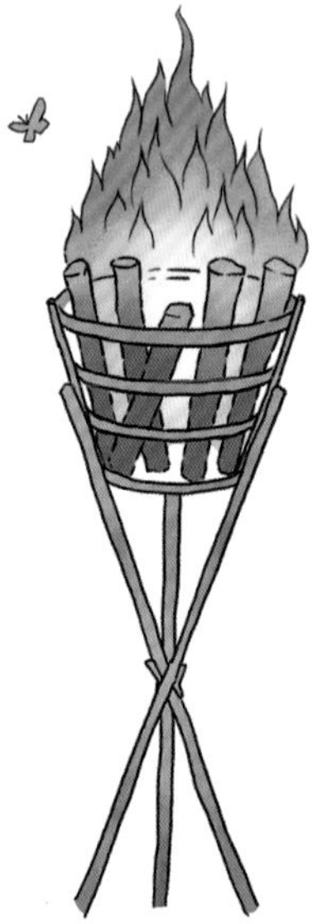

分類：鱗翅目燈蛾科
分布：北海道、本州
大小：展翅寬約60㎜（♂）、約80㎜（♀）

豹燈蛾的日文漢字是「火取蛾」，一般認為命名由來是源於「盜火蛾」或「取燈蛾」之意。牠們是一種趨光的蛾，前翅的紋路樸實，後翅則是紅配黑的模樣，美麗極了。

有些蛾類是在夜裡活動，牠們大部分都會飛往光亮處，然後一邊繞圈打轉一邊靠近光源。

如果該光源是篝火，會發生什麼事情呢？蛾轉著轉著，竟然往火裡飛了進去，故而命名為火取蛾。

二化螟

以前曾是超級害蟲。

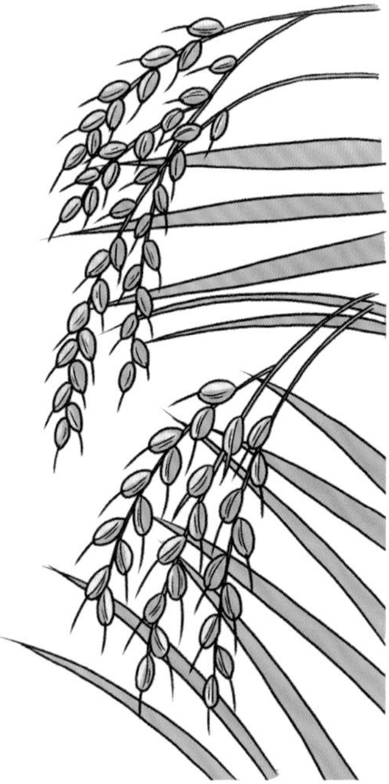

以前是害蟲，如今瀕臨絕種

分類：鱗翅目螟蛾科
分布：日本全境
大小：展翅寬17～34㎜

昔日曾經因為水稻的害蟲大量繁殖，而導致無米可以採收。

蛾類中，又以二化螟為最著名的水稻害蟲。然而，這種蛾從1970年代後便不復存在。

農藥也有影響，不過一般認為，很可能是現在的米，品種與其體質不合所致。換言之，對人類而言美味無比的米，二化螟卻覺得難以下嚥。

因其瀕臨絕種就應該加以保護嗎？要保護曾被指定為害蟲的物種，會涉及法律相關問題，可沒那麼容易。

催淚指數

弱點被發現了。

擬大虎頭蜂

分類：膜翅目胡蜂科　分布：北海道～九州　大小：體長19～29㎜

木蠹蛾是棲息於雜木林的蛾類，其幼蟲會在麻櫟等樹木的樹幹上挖洞。當樹液從中流出後，幼蟲便可捕食匯集至此的昆蟲。

像擬大虎頭蜂這種胡蜂也會趨往樹液處，但有一種樹液讓牠們避而遠之。經過仔細調查後發現，正是木蠹蛾幼蟲所挖出來的樹液。原來木蠹蛾幼蟲會在樹液中分泌胡蜂厭惡的物質來防身，於是人類便著手研究牠們所釋放出來的物質。如今市面上已有販售能讓胡蜂退避三舍的藥品，令人不禁為胡蜂掬一把同情淚！

自然界　人類與昆蟲　人類的任性

催淚指數

褐飛蝨

每年都會飛來危害稻作。

來這裡做什麼呢？

分類：半翅目稻蝨科
分布：日本全境
大小：體長約5mm

飛蝨是一種近似於蟬的昆蟲。褐飛蝨今昔皆為稻作的害蟲，牠們會在越南或中國南部越冬，每年6至7月左右乘著風大批橫越海洋來到日本，隨後在日本繁殖。若是置之不理，就會數量暴增，對稻作造成很大的危害。

這些數量遽增的褐飛蝨，到了冬天會如何呢？

答案是全員死在日本。雖說是作惡多端、令人恨得牙癢癢的害蟲，但是漂洋過海來日本一趟卻死光光，還真是悲哀。

催淚指數

我培育出來的菇類很美味呢。

黑翅土白蟻

分類：等翅目白蟻科　分布：沖繩　大小：體長約13mm（蟻后、蟻王）、4～5mm（兵蟻）

日本的黑翅土白蟻棲息於沖繩島或八重山群島，牠們會在土裡打造好幾個巨大的塊狀蟻窩，待在裡面生活。

這種白蟻會在蟻穴內培育菇類，進而食用這些菇類來攝取所需養分。

每到梅雨季降雨時，菇類就會從蟻穴往外伸展、變大而冒出地面。

此種菇類似乎極其美味，所以不一會兒便被人類摘走。

但是這些美味的菇類，可是黑翅土白蟻辛苦培育出來的呀！

往蜃景裡產卵。

綠胸晏蜓

往蜃景裡產下的卵，成了荷包蛋

分類：蜻蛉目晏蜓科
分布：日本全境
大小：體長65～84㎜

蜃景是指在炎熱日子所看到的現象，地面看起來搖搖晃晃，彷彿該處有灘水似的。

原本以為只有人類看得到此景，實則不然。

綠胸晏蜓是常見於水池的蜻蜓。交配時雌雄蜻蜓相接，把卵產在從水池中長出的草上等處，或是播散在池水裡。

牠們有時候會把蜃景錯當成水池，結果將卵產在滾燙的道路上。產在路上的卵當場死亡，還真是悲哀。

超可悲的實況

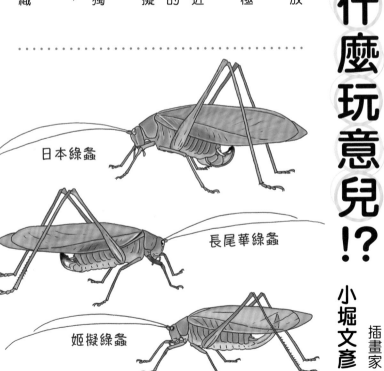

「擬管巻」是什麼玩意兒!?

插畫家 小堀文彥

有一種螽斯類名叫綠螽，這種蟲像是放大健壯版的鐮尾露螽。

在日本有日本綠螽與長尾華綠螽2種極其相似的品種。

此外，這2種綠螽又另有稍小型的相近同類，牠們分別為棲息於日本西半部地區的姬擬綠螽，以及棲息於南方島嶼上的大東擬綠螽。

綠螽的日文漢字為「擬管巻」，如此獨特的命名是從何而來呢？我對此很在意，於是決定調查看看。

調查後得知，「管（紡紗管）」是指織

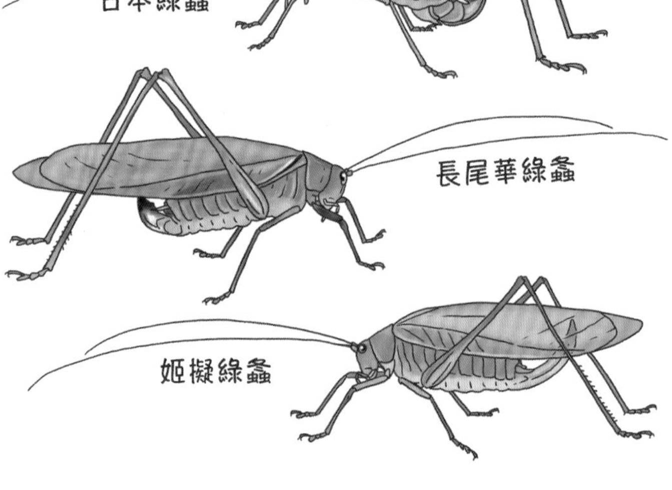

布所使用的零件。

這種「紡紗管」，呈現兩端稍微鼓起的筒狀，把線繞圈卷繞在上頭，再放入名為

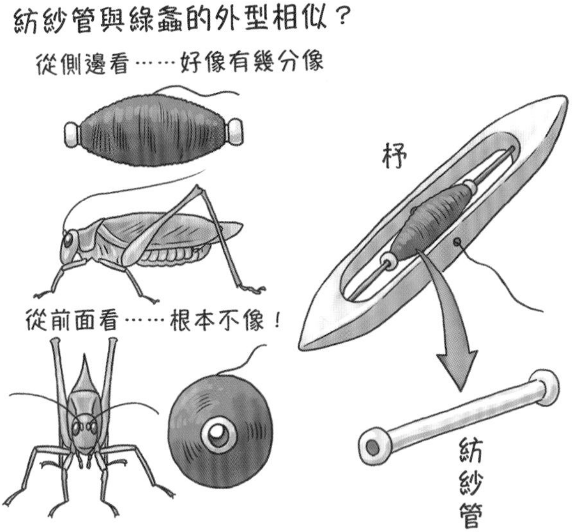
紡紗管與綠螽的外型相似？
從側邊看……好像有幾分像
杼
從前面看……根本不像！
紡紗管

「杼」的器具中來使用。杼滑進彼此交錯貼覆的經線之間，讓卷繞在紡紗管上的線化為紡織品的緯線。

總算大致了解了紡紗管的意思。綠螽是因為外型近似繞圈卷繞著線的紡紗管，才以此命名的嗎？

卷繞了線的紡紗管呈紡錘狀，而綠螽的形狀為長橢圓形，兩者的形狀的確相似。不過，如果從正面看過去，紡紗管的形狀為圓形，綠螽則呈扁平狀。

總覺得「因為形狀神似紡紗管」的這個說明不足以令人信服。

日本有句近似「管巻き（卷繞紡紗管）」的慣用語叫「管を巻く」，意指爛醉

如泥的人反覆講好幾次一樣的話而令人困擾，中譯為「醉話連篇」。

　這就像利用紡車將緯線纏繞在紡紗管上時發出的聲音般，單調而持續的聲音又吵又刺耳，因而有了這種說法。

　那麼，綠螽是因為會發出類似卷紡紗管那種又吵又單調的聲音，才以此命名的嗎？其實不然。

　綠螽的鳴叫聲是極其克制的「唧……唧……唧……」聲，既不刺耳也不吵雜，甚至鳴叫時都無人察覺。

　說到在秋季鳴叫的蟲當中，叫聲既單調又嘈雜的，會令人聯想到梨片蟋或寬翅紡織娘。

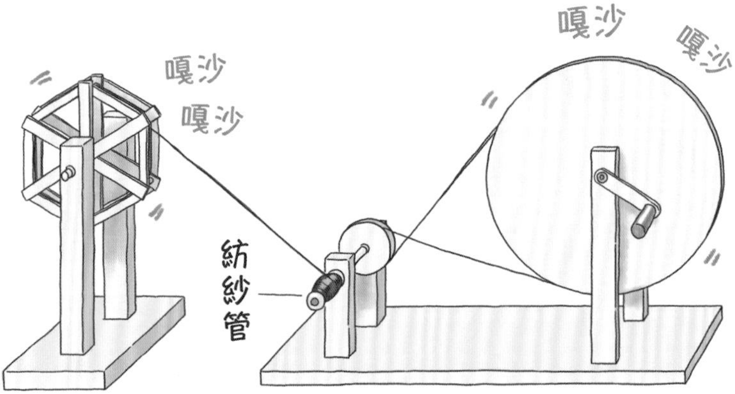

轉動紡車，讓線纏繞在紡紗管上

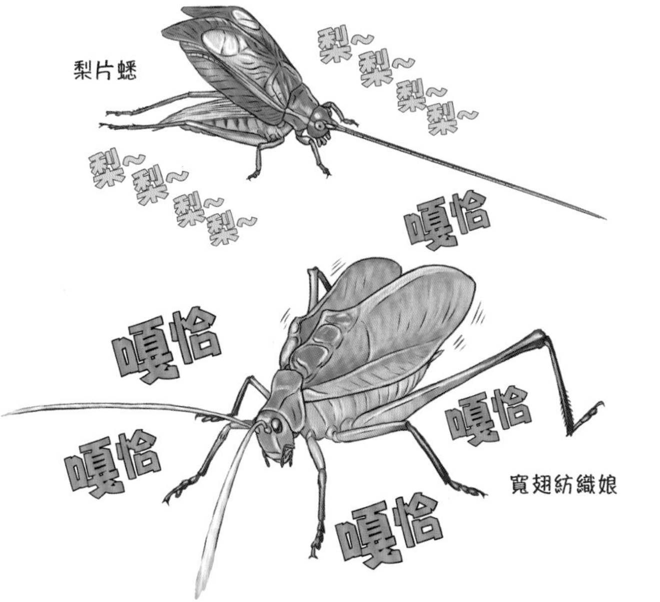

146頁也有介紹到梨片蟋，是近年來才為人所知的蟲類，所以先予以排除，我試著調查了寬翅紡織娘。

結果令人吃驚的是，寬翅紡織娘在江戶時期似乎就叫做「管卷」。

寬翅紡織娘會在秋季的深夜發出「嘎恰嘎恰嘎恰」這種巨大又單調的聲響，以「管卷」來命名頗具說服力。

這下子一切就都說得通了。「綠螽（擬管卷）」即意指「類似管卷（寬翅紡織娘）的蟲」。

的確，大小與形狀確實都與寬翅紡織娘有相似之處。

江戶時代是以「管卷」來稱呼寬翅紡織

娘，但如今已無人使用這個名稱。

如果當初把「管卷」改稱為「寬翅紡織娘」時，也把「擬管卷」改名為「擬寬翅紡織娘」，或許會比現在的名稱稍微淺顯易懂些，感覺好像無意中錯失改成現代風名字的好時機。

手織的織布機如今也幾不復見，即便提及「紡紗管」，大家也不太清楚究竟是指什麼，更不曉得把線纏繞在紡紗管是什麼樣的聲音。

就連原本稱為「管卷」的正宗寬翅紡織娘，也已經因為人類的活動，導致其最愛的葛類植物叢生棲息地減少，以致成為極其稀有的存在。

感覺世界持續不斷變化，唯獨綠螽的日文名稱仍原封不動地遺留在過去的時代，令人不禁為牠們掬一把同情淚。

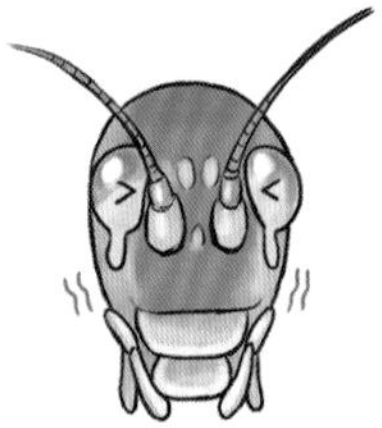

人類的任性

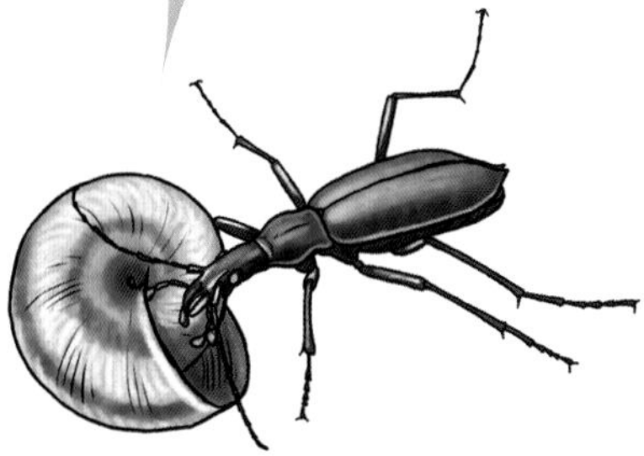

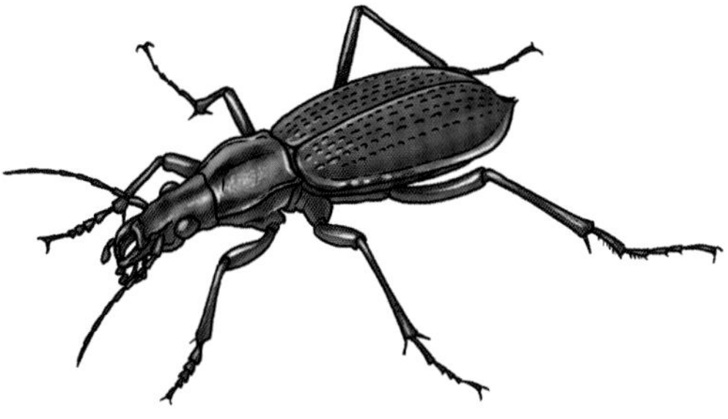

總論

人類的任性

人類自古便與昆蟲關係密切。尤其是日本人，一直以來都把蟬與蟋蟀的叫聲等，視為季節之聲來聆賞。飼養活蟲的孩童也多不勝數，這是大自然豐沛的日本特有的現象。有這麼多喜愛昆蟲的孩童，對昆蟲而言是件開心的事情。不過對於那些被捕捉的昆蟲來說，卻很悲哀……。

然而，正因為和昆蟲關係密切，才容易產生一些誤解。

有很多像搖蚊這類的昆蟲，明明沒做什麼壞事，卻被人們認為是有害的。有時稍有差錯就會慘遭撲滅，真是可憐。

此外，昆蟲還經常被任意取一些奇怪的名字。人類

本應是為了方便理解而為生物命名的，但是也有像無瘤瘤皮金龜（Trox nohirai Nakane）這類完全不知所云的名字。

更有一些昆蟲是從國外帶進來的，凡是「外來生物」就會被視為眼中釘。昆蟲又不是自己想來日本才來的，實在好無辜。

昆蟲因為人類的任性而遭受的危害不計其數，處境十分令人同情。為了不再增加這些暗自垂淚的昆蟲，大家一起來仔細了解昆蟲的大小事吧！

催淚指數

椰子犀角金龜

分類：鞘翅目金龜子科　分布：奄美群島以南　大小：體長33～47mm

以前有個稱號叫小旋風。

椰子犀角金龜在進入20世紀時，入侵了沖繩縣。和日本的獨角仙有所不同，因此在沖繩返還的1970年代，以「小旋風獨角仙」之名在日本本土販售。

小旋風這個稱號還真是帥氣呢！然而，椰子犀角金龜不但不會打架，還經常從樹上摔下來，一點也不帥氣。而且最近還成了椰子與甘蔗的害蟲，別說要攜帶出境，連飼育都遭到禁止。

小旋風這個名字取得這麼響亮，結果卻被視為害蟲，實在是太可憐了。

催淚指數

久松犀角金龜

分類：鞘翅目金龜子科　分布：南大東島　大小：體長45～49mm

得知為新品種時，已經幾乎不存在了。

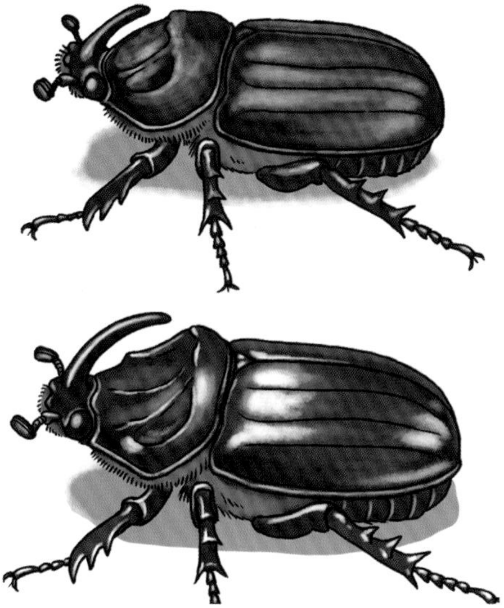

久松犀角金龜是在沖繩縣南大東島發現的獨角仙。

研究者針對1957年在南大東島捕獲、外型十分特殊的椰子犀角金龜進行了研究，結果於2002年確定為新品種昆蟲。

自此以後，有愈來愈多人在南大東島尋覓久松犀角金龜，但幾乎都一無所獲。確認以前的標本，也發現好幾隻應該是久松犀角金龜的標本。

現存的標本大多都是在新品種發表之前捕獲的。好不容易受到矚目，卻已經幾乎消失殆盡，真是悲哀。

大家都以為我們會聚集在樹液處。

彩虹鍬形蟲

分類：鞘翅目鍬形蟲科　分布：澳洲、新幾內亞島
大小：體長37～70㎜（♂）、26～36㎜（♀）

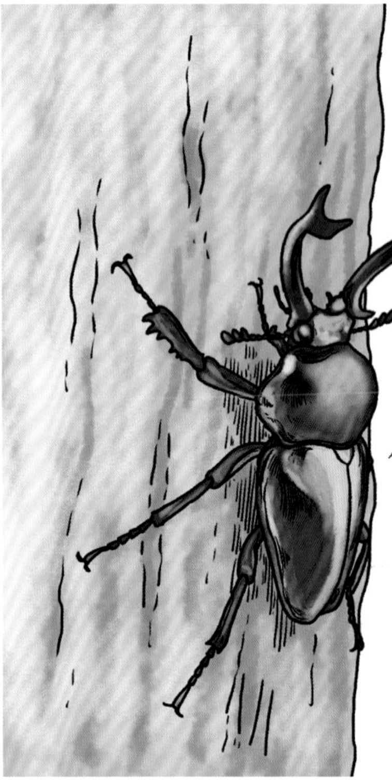

椰子的花
令人朝思暮想……

彩虹鍬形蟲棲息於澳洲，在澳洲當地屬於相當稀有的鍬形蟲。

棲息於日本的鍬形蟲，大多都會聚集在樹液處，但是這種彩虹鍬形蟲卻不會往樹液處跑。

那麼，牠們都吃些什麼呢？牠們會飛往有椰子花的地方，吸食椰子花的蜜汁，不過這項資訊遲遲未傳入日本。

那些拍到彩虹鍬形蟲停駐在樹幹上的照片，大多是因為牠們往光源處跑，白天便在樹上歇腳罷了，結果被拍了下來，造成天大的誤解。

歐洲深山鍬形蟲

分類：鞘翅目鍬形蟲科　分布：俄羅斯西南部～歐洲、土耳其、敘利亞
大小：最大體長１００㎜

被誣陷是森林火災的犯人。

歐洲深山鍬形蟲棲息於歐洲山毛櫸等樹木的森林中。

歐洲以前經常發生森林大火，當時被視為犯人的就是歐洲深山鍬形蟲。

這種鍬形蟲會動著巨大的下顎，發出咔嚓咔嚓的聲響，而這種聲音很像敲擊打火石產生火花時的聲音。

因此，相傳是這種鍬形蟲，讓巨大下顎發出咔嚓聲而迸出火花，結果引發森林火災。

這真是意想不到的冤案！

催淚指數

歐貝魯巨角花金龜

分類：鞘翅目金龜子科　分布：非洲（坦噶尼喀湖周邊）　大小：最大體長74㎜

價格暴跌。

嗚嗚嗚，
150萬日圓飛了……
歹勢！其實我
隨處可見呢～

昆蟲的研究者們必須收集標本，但是他們很難自己去捕捉。

以前歐貝魯巨角花金龜的標本一隻難求。1990年代有2隻來到了日本，其價格為1隻150萬日圓。

有位年輕研究者無論如何都想要擁有，便分15期收購，每月支付10萬日圓。然而，在那之後價格逐漸下滑，最終當他繳清第15期的費用後，價格竟然跌到只剩3000日圓。

催淚指數

被指定為特定外來生物。

東方白點花金龜

（日文名稱為酒井白點花金龜）

分類：鞘翅目金龜子科　分布：奄美大島以南　大小：體長16~25mm

自然界　人類與昆蟲　人類的任性

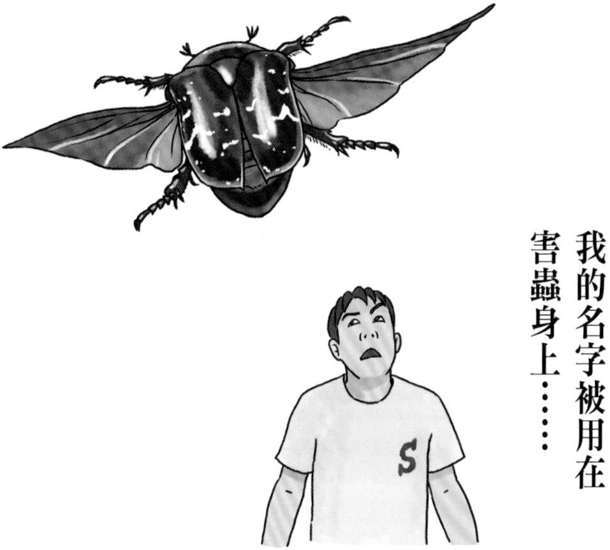

白點花金龜中有一個亞種為「東方白點花金龜」，在日本則被稱為「酒井白點花金龜」。最初是在沖繩島上捕捉到這種昆蟲，但其實是從台灣橫渡而來的品種。研究這種花金龜的人，把亞種的命名資格獻給了前輩酒井先生。

一般來說，自己的名字被用來為昆蟲命名是件極其榮耀之事。然而，東方白點花金龜被指定為特定外來生物，徹底被當作害蟲。冠上自己名字的昆蟲竟然是特定外來生物，真令人難過。

催淚指數

日本豆金龜

分類：鞘翅目金龜子科　分布：日本全境、北美洲等　大小：體長9～14mm

人稱「日本甲蟲」，備受嫌棄。

別把我帶到陌生的地方去……

日本豆金龜會大量啃食樹木與草的葉片，所以令農民深惡痛絕。不過在日本不曾發生爆炸性的大繁殖。

牠們曾經由人類之手，從日本被帶入了美國，造成爆發性繁殖，結果把桃子等農作物的葉子啃得一片狼藉，牠們遂成了惡名昭彰的害蟲，也因此被人類冠上「Japanese beetle（日本甲蟲）」之名，頂著這樣的稱號在美國備受唾棄。不過，錯是錯在把日本豆金龜帶過去的人才對吧……。

催淚指數

無瘤瘤皮金龜

分類：鞘翅目皮金龜科　分布：北海道、本州、四國、九州、對馬　大小：體長5～7㎜

搞不懂到底有瘤還是沒瘤。

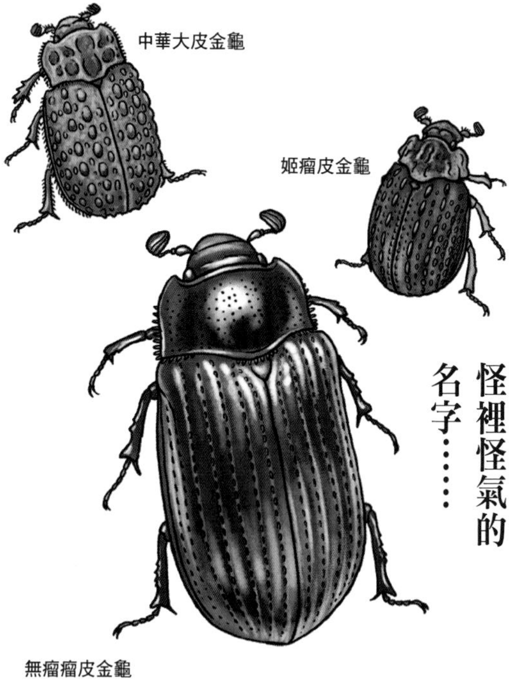

怪裡怪氣的名字……

有時會在大鳥巢、鳥類等動物的屍體，或是鳥類掉落的羽毛下方，發現皮金龜科昆蟲的幼蟲。

這種皮金龜科，大多翅鞘上都有凹凸不平的瘤與肋紋，所以名稱上常被叫做「瘤皮金龜」。

然而，無瘤瘤皮金龜的翅鞘上並沒有瘤。因為是皮金龜科，所以名字的後面被冠上了「瘤皮金龜」，但是命名為「無瘤瘤皮金龜」會讓人摸不清到底有沒有長瘤。好歹可以使用光滑之類的字眼嘛……。

催淚指數

擬食蝸步行蟲

分類：鞘翅目步行蟲科　分布：對馬　大小：體長28～47㎜

被取了
莫名其妙的種名。

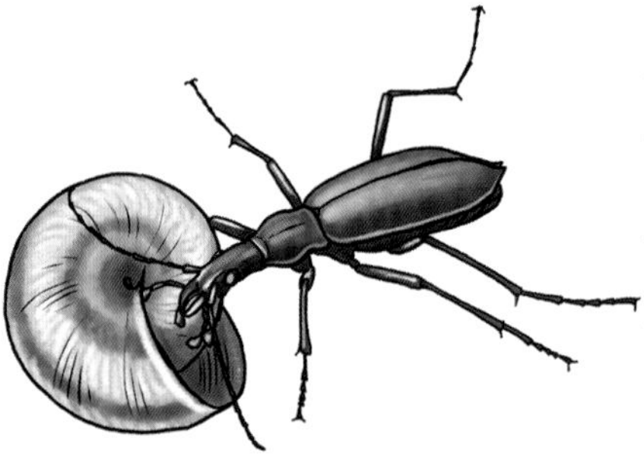

不需要這種
奇怪的簡稱……

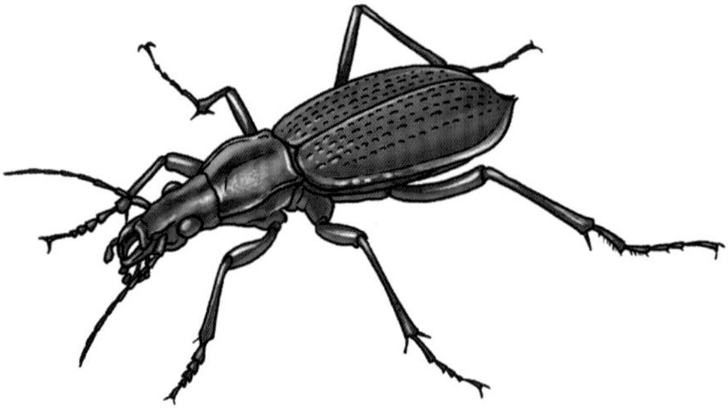

自然界　人類與昆蟲　人類的任性

擬食蝸步行蟲的日文名稱，漢字寫作「對馬擬被」，正如其名所示，此蟲棲息於日本的對馬。這種「擬被」與「御器被（蜚蠊）」屬於同一個分類嗎？實際上，牠們應該是步行蟲類的才對。所謂的「擬」是「擬似～」、「擬態～」的意思。至於這個「被」字，則是以名為「蝸牛被（食蝸步行蟲）」的昆蟲種名縮寫而來。

總而言之，「擬被」即「酷似食蝸步行蟲的昆蟲」之意。好好的名字，不知為何被胡亂縮寫到不解其意，還真是讓人一頭霧水呀！

催淚指數

泰坦大天牛

分類：鞘翅目天牛科　分布：中美洲～南美洲　大小：最大體長167㎜

被誤解成橡膠樹的害蟲。

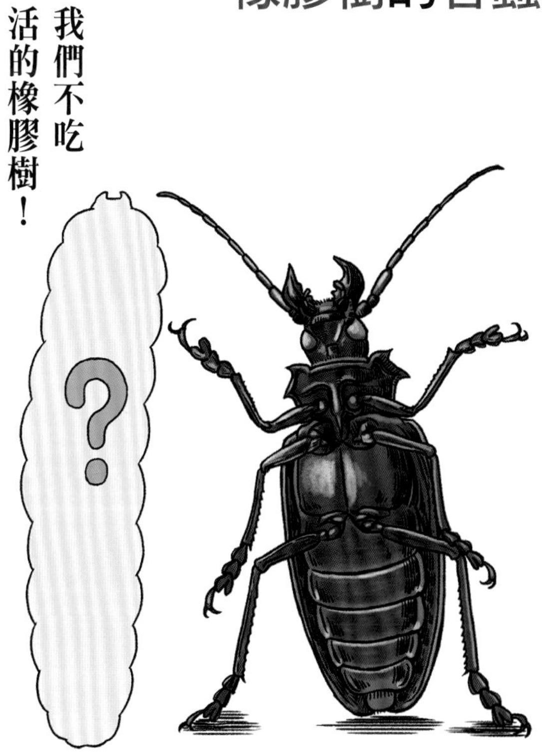

泰坦大天牛有著碩大的大顎。正如其日文名稱「泰坦薄翅大天牛」裡的「薄翅」二字所示，牠們具有薄薄的翅鞘。成蟲並不會攝食葉子，然而，當地人似乎曾在橡膠樹田裡撞見成蟲，據說某本圖鑑中，還有個段落指稱這種天牛為橡膠樹的害蟲。至於棲息於別的樹上的幼蟲，當地人也在不清楚牠們正是泰坦大天牛幼蟲的情況下加以捕食。

被視為橡膠樹的害蟲，幼蟲還被人類捕食，這種天牛還真是可憐。

我們不是象鼻蟲。

綠豆象

沒血緣
卻極其相似。

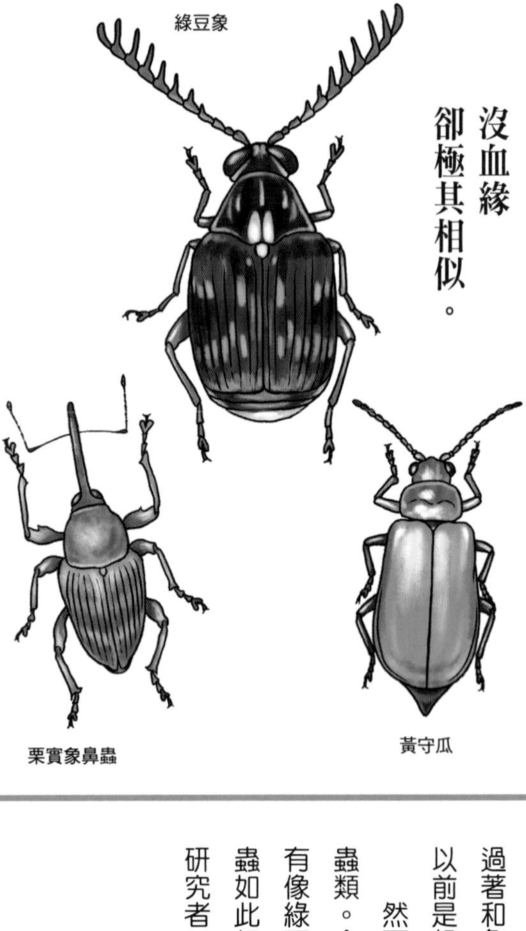

分類：鞘翅目金花蟲科
分布：日本全境
大小：體長2～3㎜

綠豆象的幼蟲，是會鑽進乾燥紅豆或豌豆裡啃食內部的大害蟲。這種綠豆象的幼蟲，如象鼻蟲類的幼蟲般呈蛆蟲型，過著和象鼻蟲一樣的生活，因此以前是歸屬於象鼻蟲類。

然而，如今已知牠們是金花蟲類。金花蟲的幼蟲都有腳，沒有像綠豆象這種無腳的。和象鼻蟲如此相像，沒道理責備以前的研究者。

我們其實不是粉蝶。

冰清絹蝶

分類：鱗翅目鳳蝶科　分布：北海道、本州、四國　大小：展翅寬40～65㎜

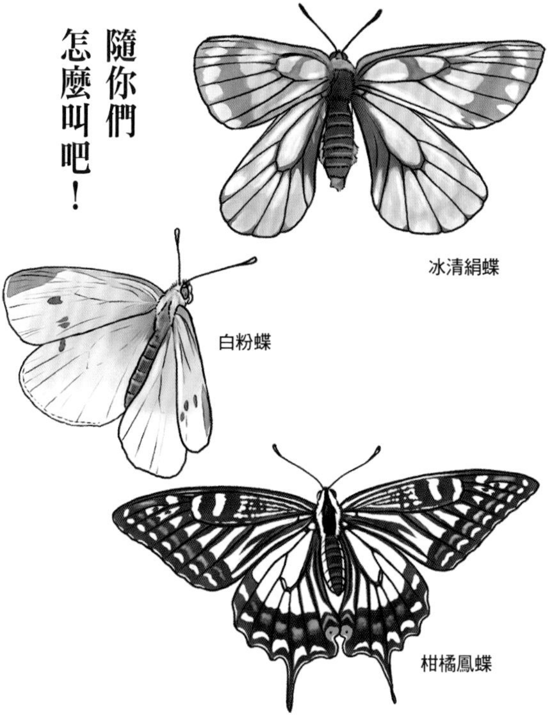

4月下旬至6月期間，冰清絹蝶會棲息於森林附近的草地。

日本的冰清絹蝶，翅膀上只有白底配上灰色的紋路，這種蝴蝶真的很容易被誤認為白粉蝶的同類，所以日文命名為「薄羽白蝶」，但實際上，牠們是屬於鳳蝶類。

有鑒於此，某位德高望重的日本教授，將其改名為「薄羽鳳蝶」，不過現今仍以原本的薄羽白蝶稱之。因為被誤認而取錯了名字，還真是可憐。

超可悲的實況

名字雖然相似……

在昆蟲的世界裡，有時明明親緣關係很遠，卻被取了彷彿近緣種般相似的名字。

蜉蝣棲息於水邊。幼蟲在河川中生活，離開水後化為亞成蟲，再經蛻皮成為成蟲。亞成蟲與成蟲都沒有口器，所以會滴水不進而死亡。

有一種昆蟲的日文名字也有蜉蝣二字，即「薄翅蜉蝣」，中文名為蟻蛉。

兩者飛行時，的確有相似之處。但是蜉蝣棲止時翅膀是豎立的，蟻蛉棲止時則是讓翅膀閉合呈屋脊狀或展開，停駐時的姿態沒半點相似。

此外，蟻蛉的幼蟲又名「蟻獅」。從蟻獅階段結蛹後，即化為成蟲。兩者的成長模式也大相逕庭。

這種蟻蛉似乎因為取了「蜉蝣」這個名字，而被誤以為很短命或是什麼都不吃，全是名字引起的誤解。

蜻蜓的幼蟲是待在水中生活的，而且牠們極其擅長飛行，可在空中捕食昆蟲。

長角蛉製成標本後很像蜻蜓，但是活著時的模樣截然不同。牠們的觸角很長，和蜻蜓迥異。事實上，牠們也不善於飛行，和蜻蜓有著天壤之別。停棲方式也各異，蜻蜓是展開翅膀或閉合朝上豎立，而長角蛉則是閉合呈屋脊狀。

此外，黃石蛉製成標本也和蜻蜓有幾分相似，但是活著時的姿態卻不像。黃石蛉不太擅長飛行，棲止時翅膀呈屋脊狀。不僅如此，牠們的大顎極為巨大，和蜻蜓大不相同。順帶一提，黃石蛉有時會飛往亮光處，停在人體或衣服上，若被黃石蛉的大顎咬到會非常痛。

蟻蛉、長角蛉與黃石蛉皆同屬於脈翅目。不知是否偶然，這個分類中唯有泥蛉與盲蛇蛉的日文名字沒有加上其他昆蟲的名稱。螳蛉的日文名字為「擬螳螂」，也是因為形似螳螂才以「擬」字來命名。

明明同屬於一個分類，實在很可憐。真希望日本的研究者能為牠們這個類別取個獨創的名字。

遇藍則停。

日本虎鳳蝶

分類：鱗翅目鳳蝶科　分布：本州　大小：展翅寬50～60㎜

儘管如此，還是很愛藍色。

日本虎鳳蝶入春後只會繁殖1次，牠們是屬於虎鳳蝶類的蝴蝶，可大量見於北陸地區的雜木林。

這種蝴蝶有一個特殊習性，會趨往藍色的物體，比方說，牠們會朝藍色背包飛，也很喜歡藍色帆布。據說是因為春季開在山間的花，大多都是像紫花地丁這類含藍色色素的花卉。

觀察日本虎鳳蝶的人在進入雜木林前，都會穿上藍色衣服，並帶著藍色捕蝶網。如此一來，日本虎鳳蝶便會朝人的方向飛來，自投羅網。真是個傻呼呼的習性。

催淚指數

我們才不平凡呢。

柑橘鳳蝶

分類：鱗翅目鳳蝶科　分布：日本全境　大小：展翅寬65～90㎜

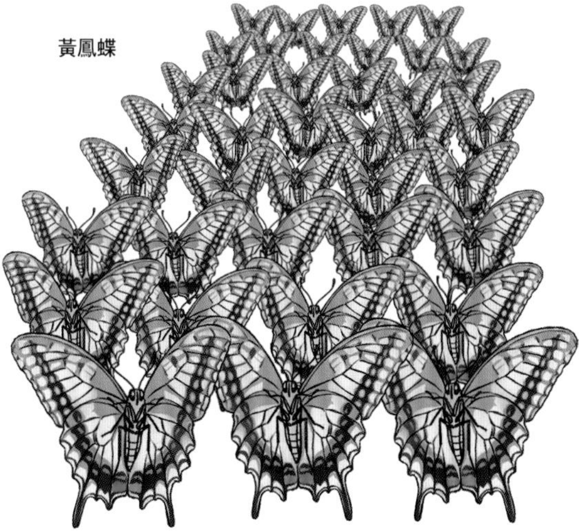

別把我和普通鳳蝶混為一談！

柑橘鳳蝶的日文漢字為「並揚羽」，以前稱為「揚羽」。這裡的「並」，意同「人並み」中的「並」，亦即普通之意。然而，柑橘鳳蝶的棲息地局限於東亞地區，在世界各地並不普遍。

「普通鳳蝶」的英文名稱是寫作Common swallowtail（Common代表普通之意，swallowtail則是鳳蝶的意思），指的是「黃鳳蝶」。遍及全世界的是「黃鳳蝶」才對，柑橘鳳蝶明明是很罕見的鳳蝶，名字裡卻被加了「並（普通）」字，實在太可憐了。

自然界　人類與昆蟲　人類的任性

催淚指數

其實並非高山蝶……。

紅襟粉蝶

分類：鱗翅目粉蝶科　分布：本州（中部地區）　大小：展翅寬35～45mm

高山蝶指的是在標高超過2500m之高地出沒的蝴蝶。一般認為紅襟粉蝶為高山蝶，雄蝶有著醒目的橙色，是極為美麗的蝴蝶。牠們大量棲息於日本中部地區仍有殘雪之處。

高如北阿爾卑斯山（飛驒山脈）山頂等地方，也有這種蝴蝶存在，但大多是出現在標高1500m以下之處，也會在300m以下的地方出沒。也就是說，牠們並非只待在高山的「高山蝶」，這純粹是人類對牠們的誤解。

催淚指數

黑背小灰蝶

分類：鱗翅目灰蝶科　分布：北海道～九州　大小：展翅寬30～35㎜

外表美麗，卻被取了奇怪的名字。

正面

背面

討厭這麼老土的名字!!

6月至7月的黃昏時分，黑背小灰蝶會在微微隆起的山丘等處閃著光芒飛舞，是極其美麗的蝴蝶。

這種蝴蝶的翅膀表面呈珍珠色，閃耀著光輝而美麗動人。據說以前又稱為「珠灰蝶」。

另一方面，翅膀背面則為深褐色，雖然有紅紋與白線，但看起來幾乎一片黑，故而被取了「黑背小灰蝶」之名。

為什麼要以不美麗的背面來命名呢？真讓人想哭，明明是這麼漂亮的蝴蝶。

自然界　人類與昆蟲　人類的任性

蛹近似人臉，而被說很噁心。

熙灰蝶

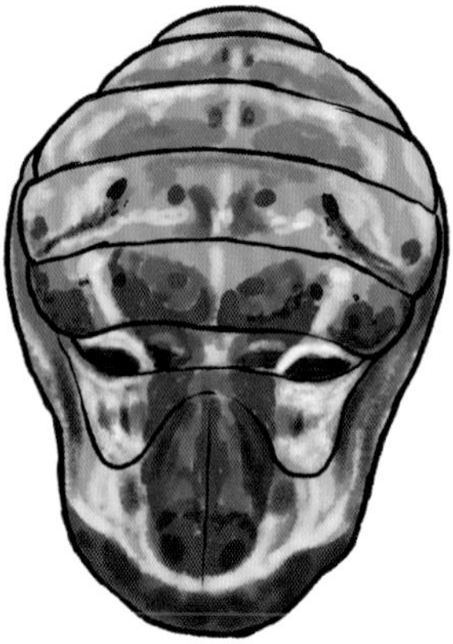

分類：鱗翅目灰蝶科
分布：台灣、中國、八重山群島
大小：展翅寬13～20㎜

別擅自想像成人臉啦！

在八重山群島偶爾可以捕獲熙灰蝶。

灰蝶科的蛹大部分都呈不倒翁形狀，這種熙灰蝶的蛹則較為短小。不僅如此，若讓頭部朝下來觀察，胸部正中央處有個如鼻子般隆起的地方，甚至腹部與胸部交界處，還有像眼睛般的橫向粗肋紋。

換言之，熙灰蝶的蛹看起來就像一張人臉。見到此面貌者，無不感到毛骨悚然。

不過，是人類擅作主張以這種方式來觀察牠們的呀！

催淚指數

森灰蝶

未留下合法的標本。

曾經存在
卻無從證明，
真可惜……

分類：鱗翅目灰蝶科
分布：本州（奈良縣）、九州（熊本縣、宮崎縣）
大小：展翅寬15～20㎜

自然界 人類與昆蟲 人類的任性

日本於1972年首度發現森灰蝶。最初是在熊本縣捕獲的，但沒多久便禁止採集。

其後，在紀伊半島上也有發現，但不得捕捉，所以發表者特地帶著相機爬到將近10m的樹上拍攝，再以該照片來發表。

然而，在沒有合法標本的情況下，此蝶因棲息環境惡化而從紀伊半島消失得無影無蹤。

因為沒有留下合法的標本，便再也無法研究這種蝴蝶，真是太悲傷了。

催淚指數

我們是真的蛺蝶！

擬蛺蝶

講得好像我們是別的種類似的……

分類：鱗翅目蛺蝶科
分布：九州以南
大小：展翅寬55～60㎜

名字裡的「擬」，是用來為相似卻相異的生物命名。

然而，這種擬蛺蝶毫無疑問就是蛺蝶科。明明是蛺蝶科，名字卻冠上一個「擬」字，實在令人匪夷所思。

有種說法認為，此蝶棲止時翅膀是展開的，因此被認為並非蛺蝶科，故而取名時加了「擬」字，但是在棲止時展開翅膀的蛺蝶科蝴蝶可不在少數。

看到「本人」時發現，牠們是有著漂亮橙色的蝴蝶，但種名實在太令人費解了！

自然界
人類與昆蟲
人類的任性

催淚指數

斐豹蛺蝶

分類：鱗翅目蛺蝶科　分布：本州以南　大小：展翅寬60～70㎜

三色堇助我們繁殖，也令我們惹人厭。

三色堇是我的最愛，請見諒呀！

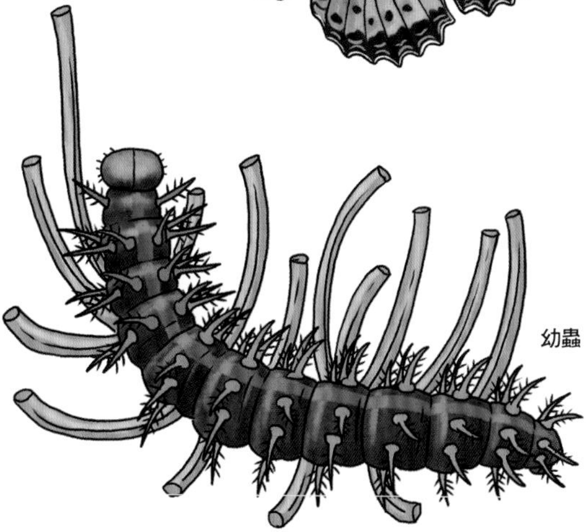

幼蟲

三色堇是紫花地丁的同類，東京附近也有花在冬天綻放。斐豹蛺蝶的幼蟲是以堇菜類植物為食，對牠們來說，三色堇的葉片又大又嫩，是極其美味的食物。

然而，這種幼蟲有時會把三色堇啃食殆盡，以致身姿盡現於人前。漆黑、背上有橙色帶狀紋路，還長了滿滿如長毛般的突起物，見者無不感到毛骨悚然！

再加上牠們會吃光美麗的三色堇，所以更不受歡迎。

說到底，還不是因為種了三色堇才吸引牠們過來的嘛……。

超可悲的實況

奇怪的種名

有些甲蟲的日文名字裡加了「馬糞」二字，例如馬糞金龜蟲、馬糞鍬形蟲、馬糞牙蟲。馬糞金龜蟲會趨往牛、馬或鹿的糞便所在位置。而馬糞牙蟲也是一樣。從易於理解的角度來看，牠們的名字是頗為淺顯易懂的……。

因為會往糞便聚集而為牠們取了這樣的名字，但牠們本人應該會希望獲得稍微可愛一點的名字吧。

順帶一提，馬糞鍬形蟲並不會往糞便處跑，是人類自己胡亂解讀，牠們可真是太無辜了。

反之，也有一些昆蟲的名字乍看之下很可愛，但實際上卻帶有骯髒的含意。比如掘穴金龜的日文為「センチコガネ」。這裡的「センチ（centi）」並非1㎝、2㎝的「公分（centimetre）」，也不是多愁善感（sentimental）的「senti」。據說是「雪隱（settinn）」，也就是廁所的意思。不過

牠們應該不會來到人類的廁所才對……。

有一種叩頭蟲名為「雲紋黑叩頭蟲」，日文漢字為「姥玉米搗」。這裡的「姥玉」是指日文名為「姥玉虫」的松吉丁蟲。而這個「姥」則是「老奶奶」的意思。以年邁女性的立場來說，真是令人不舒服的名字。

與其他昆蟲有相似之處而容易混淆的品種，日文名稱經常會使用「偽」、「擬」或「騙」等字眼，例如「偽琉璃鍬形（擬琉璃鍬）」、「擬揚羽（擬鳳蝶蛾）」或「芥虫騙（擬步行蟲）」這類名字。

這裡的擬步行蟲是種類繁多的甲蟲，日文名字裡卻加了「騙」字，而且偏偏被比擬為帶有骯髒印象的「芥虫（直譯為垃圾蟲）」，感覺好可憐。其同類中還有「葉虫騙（大偽金花蟲）」、「天道虫騙（偽瓢蟲）」等。不過，我真想對那些把擬步行蟲誤認為步行蟲的人說一句：「長得跟步行蟲完全不一樣吧！」

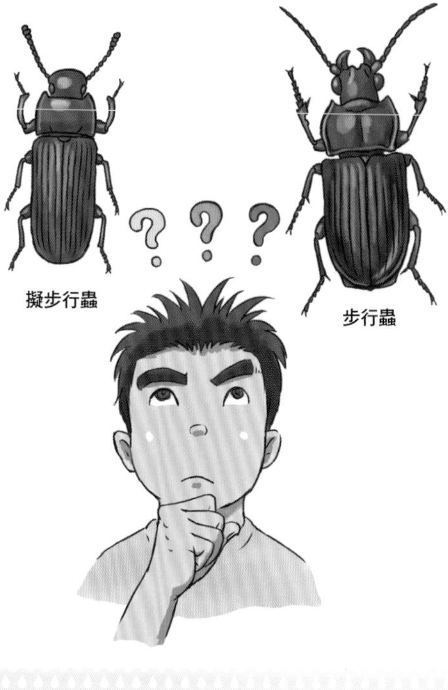

幼蟲是「芋頭蟲」之名的由來。

雙線條紋天蛾

分類：鱗翅目天蛾科　分布：日本全境
大小：體長80～85㎜（幼蟲），展翅寬55～70㎜（成蟲）

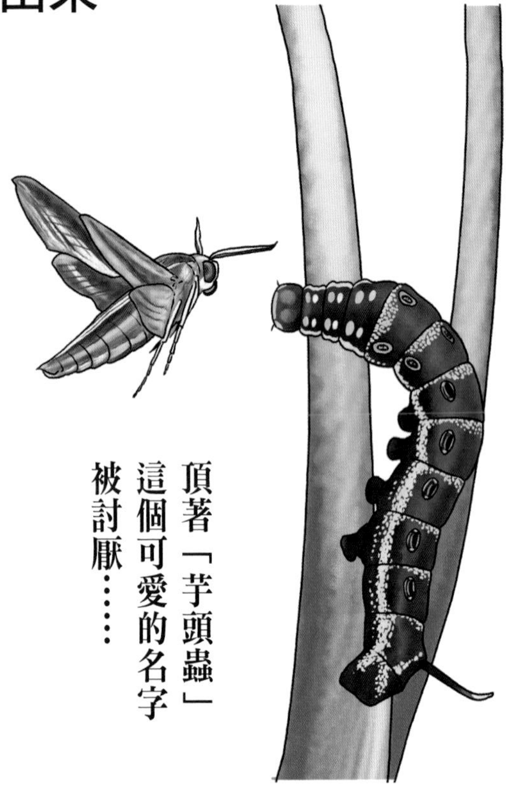

雙線條紋天蛾的幼蟲會攝食芋頭的葉子。牠們一直吃一直吃……，有時就把芋頭葉吃個精光。

這種幼蟲沒有長毛，都在芋頭田裡出沒，人們因而稱這種幼蟲為「芋頭蟲」。之後，蝴蝶或蛾沒長毛的幼蟲皆可稱為「芋頭蟲」。

雙線條紋天蛾的幼蟲長得很噁心，還是啃食芋頭葉的害蟲，所以農民也對其痛恨不已，想想牠們還真是可憐。

催淚指數

舞毒蛾

「毛蟲大爆發」，其實都是我的幼蟲。

我們太招搖了嗎？

分類：鱗翅目毒蛾科
分布：北海道～九州
大小：體長55～70㎜（幼蟲），展翅寬約50㎜（成蟲）

舞毒蛾的幼蟲是毛毛蟲，以各式各樣的樹葉為食。牠們偶爾會大量繁殖，形成數量可觀的蟲蟲大軍，曾經把長在山裡的好幾株日本落葉松等樹木洗劫一空。

舞毒蛾有時也會在住宅區大量繁殖。這種幼蟲長得特別令人作嘔，居民們紛紛向衛生所等處提出「有一大堆噁心的毛毛蟲，請想辦法處理」之類的要求。若在電視或報紙上看到「毛毛蟲大爆發」的新聞，幾乎都是這種幼蟲。竟然惹人厭到上新聞的地步，真是可悲。

日本北透翅蛾

分類：鱗翅目透翅蛾科　分布：北海道、本州　大小：展翅寬33～45㎜（♂）、42～52㎜（♀）

不是胡蜂這件事
已經露餡了。

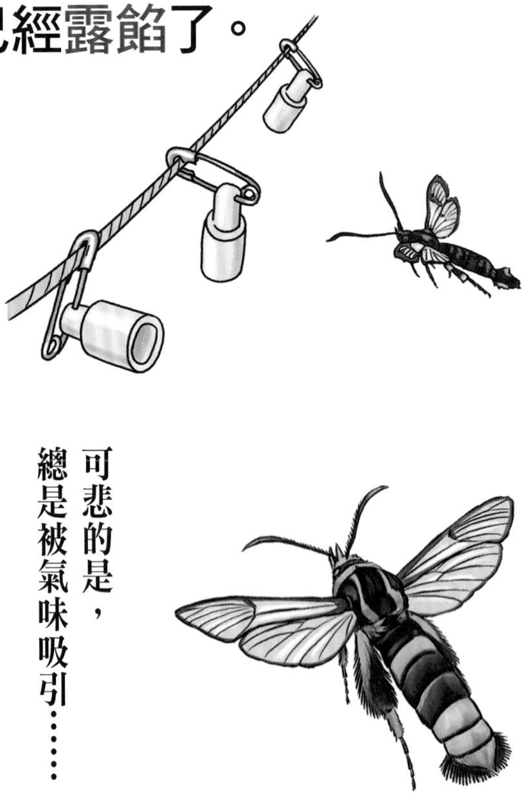

可悲的是，
總是被氣味吸引……

日本北透翅蛾以前是很罕見的一種蛾類。

據說研究者在採集其他種類的透翅蛾時，經常會有形似胡蜂的昆蟲飛來。

某一天，研究者才剛設好引誘透翅蛾的氣味裝置，沒想到原以為是胡蜂的昆蟲也靠了過來，這下才知道，牠們其實是日本北透翅蛾。

自此，日本北透翅蛾便經常遭研究者捕捉，一旦露出馬腳就沒戲唱囉！

幼蟲遭人類捕食。

細黃胡蜂

分類：膜翅目胡蜂科　分布：北海道～九州　大小：體長11～18㎜

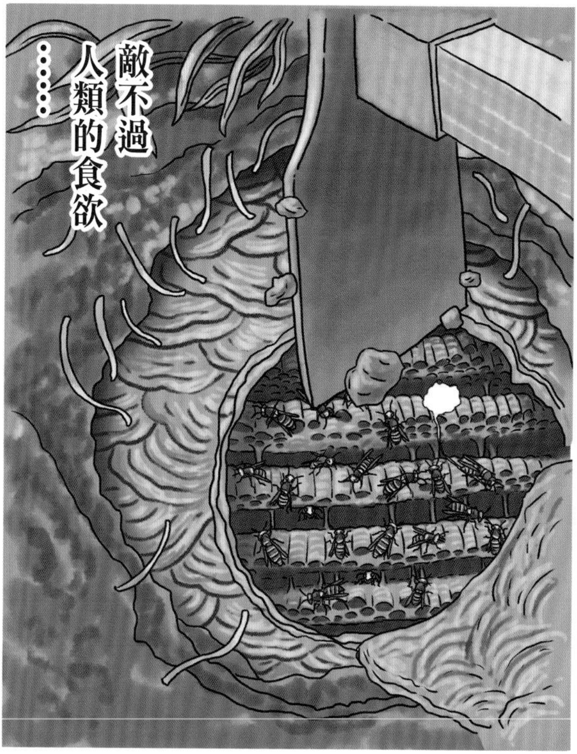

細黃胡蜂的幼蟲被稱為「蜂子」，口感黏稠，製成佃煮料理極其美味。

捕捉「蜂子」在長野縣部分區域已經成為一種樂趣。

捕捉牠們的人會擺放沾有棉花的青蛙肉，再盯緊棉花來追蹤歸巢的細黃胡蜂工蜂，循線找到蜂窩。緊接著利用煙來燻烤蜂窩內部，待成蟲逃出蜂巢、只留下幼蟲與蛹後，再從蜂窩中取出幼蟲。

好不容易擴大的巢穴遭到破壞，連幼蟲都成了盤中飧，真是可憐啊！

明明很溫馴卻被討厭。

黃領木蜂

分類：膜翅目蜜蜂科　分布：北海道～九州　大小：體長18～25㎜

黃領木蜂飛行時的聲音很大，還會繞著人飛，感覺好像會往自己身上螫。

然而，牠們並不會成群結隊在蜂巢中生活，基本上都是1隻隻各別獨居。

黃領木蜂靠吸食花蜜或攝食花粉維生，是相當溫馴的蜜蜂。不僅如此，在野外看到的大多是雄蜂，雄蜂沒有螫針。

牠們但凡看到移動之物，都會猜想可能是雌蜂，故格外留意罷了。只因為飛行聲音較大，就被誤解為可怕的蜜蜂了。

催淚指數

東方蜜蜂

分類：膜翅目蜜蜂科　分布：本州、四國、九州、屋久島
大小：體長10～12㎜（工蜂）、17～19㎜（蜂后）

被來自歐洲的親戚驅趕。

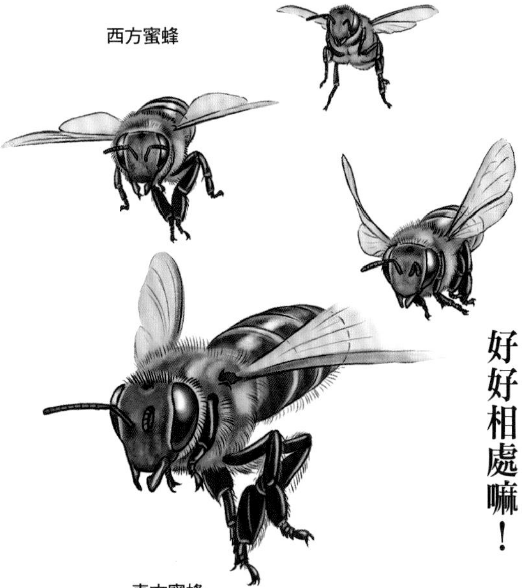
西方蜜蜂
東方蜜蜂
我們不是同類嗎？
好好相處嘛！

即便試圖飼養，也會馬上從蜂箱中溜走，所以東方蜜蜂並不適合用來收集蜂蜜。

因此，為了取蜜而從歐洲引進了西方蜜蜂。

然而，西方蜜蜂有時也會逃脫。逃離的蜜蜂，會在山野間築巢、吸食花蜜、採集花粉，令生活型態幾乎一致的東方蜜蜂苦不堪言。

棲息地範圍變窄，只好前往保留更多大自然的地方，實在太可憐了。

日文名發音近似「艾莉絲」，漢字卻是「蟻巢」。

蟻巢虻

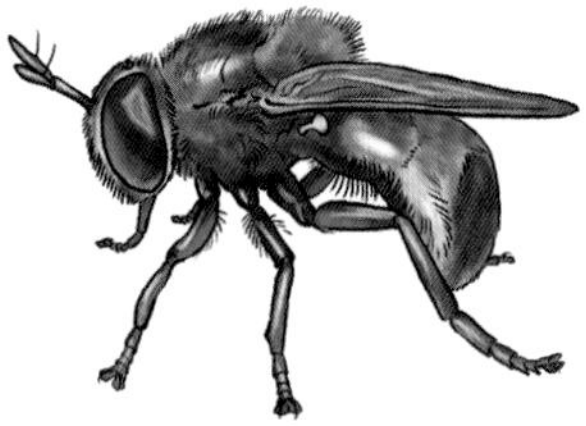

名字太可愛了！

幼蟲待在神奇國度的蟻巢虻

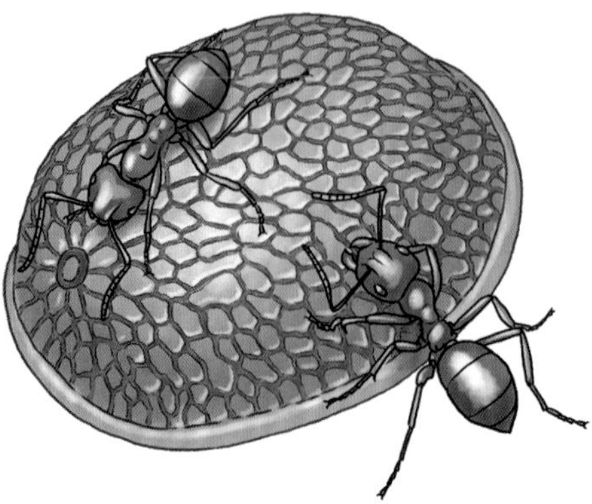

分類：雙翅目虻科
分布：本州、四國、九州
大小：體長約10㎜（幼蟲）、12～14㎜（成蟲）

「蟻巢虻」因為幼蟲皆待在蟻窩中生活，故得此名。

蟻巢虻的幼蟲是在蟻窩中長大的。螞蟻攻擊性極強，令其他昆蟲與動物戒慎恐懼，所以蟻窩內部非常安全。沒想到這種幼蟲竟以螞蟻的幼蟲為食，螞蟻卻不會攻擊牠們。此外，蟻巢虻的幼蟲外皮厚實且呈半球狀，即便遭到螞蟻攻擊也能夠防身。

從聽起來如此可愛的日文名字，根本難以想像竟會是如此過分的傢伙。

催淚指數

搖蚊

我們經常被認為會吸人血。

和蚊子完全沒關係。

因長相相似，被誤解為吸血害蟲

分類：雙翅目搖蚊科
分布：日本全境
大小：體長約6～7mm

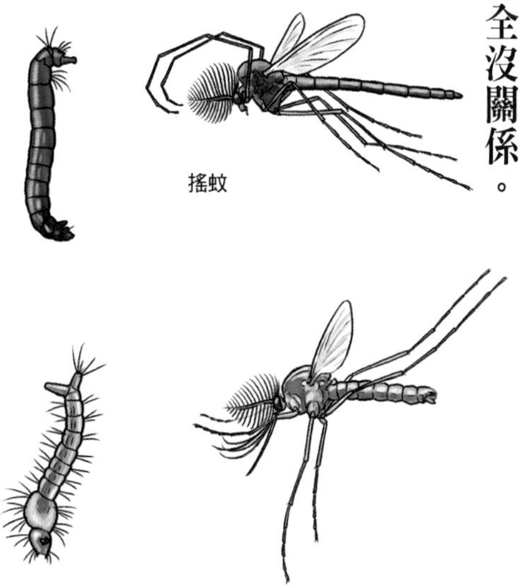

自然界 人類與昆蟲 人類的任性

搖蚊的幼蟲又被稱為「紅蟲」，常成為釣魚用的餌食或熱帶魚等魚類的飼料。牠們在汙濁的河川中吃著髒東西，可淨化水質，是對人類而言助益良多的昆蟲。

這種搖蚊名字裡有個「蚊」字，而且真的長得跟「蚊子」極其相似，也因此吃了大虧。被錯認為吸血的「蚊子」，結果被人類打死或被噴殺蟲劑。

此外，雄蚊與雌蚊為了邂逅彼此，會成群飛舞並停駐在洗好的衣物等處，所以惹人厭惡。明明對人類有益……，還真是可憐的昆蟲。

催淚指數

蟻蛉

什麼都不吃？這是天大的誤會！

只因日文名中的「蜉蝣」，就對我們有所誤解

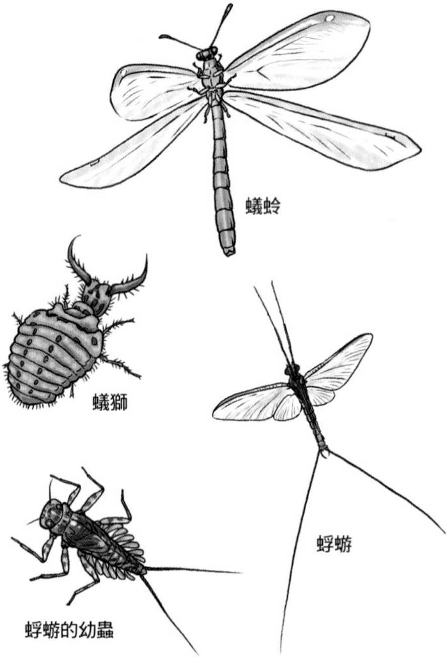

分類：脈翅目蟻蛉科
分布：日本全境
大小：體長75～85mm

有人以為蟻蛉的成蟲會像蜉蝣般什麼都不吃，並且在1天之內死去，但這一點其實是誤解。

事實上，蟻蛉會捕食小昆蟲等，並存活2週左右。幼蟲名為「蟻獅」，有別於蜉蝣的幼蟲，是棲息於陸地上的。

蟻獅的屁眼是堵住的，所以一般認為，牠們直到羽化為止都不會大小便。然而，根據某位小學生的自由研究得知，蟻獅是會小便的。

背負一堆誤解的蟻蛉，真是太悲哀了。

催淚指數

以前曾是人氣王。

熊蟬

分類：半翅目蟬科
分布：本州（關東地區）以南
大小：體長45～52㎜

熊蟬是體型比油蟬大，並以宏亮聲音鳴叫的蟬。以前數量不多，捕捉到的孩子便可成為英雄。

這種熊蟬逐漸由南往北遷移，連在大阪與東京的都市都看得到。喜歡溫暖處的熊蟬，後來便在因冷、暖氣的熱能而暖化的都市裡大量繁殖。如此一來，蟬鳴聲大作……，轉瞬間成為夏季的害蟲。

數量一旦增加，就變得擾人，還真是可憐。

催淚指數

胭脂蟲

都粉身碎骨了還被討厭。

既然討厭我，就不要利用我！

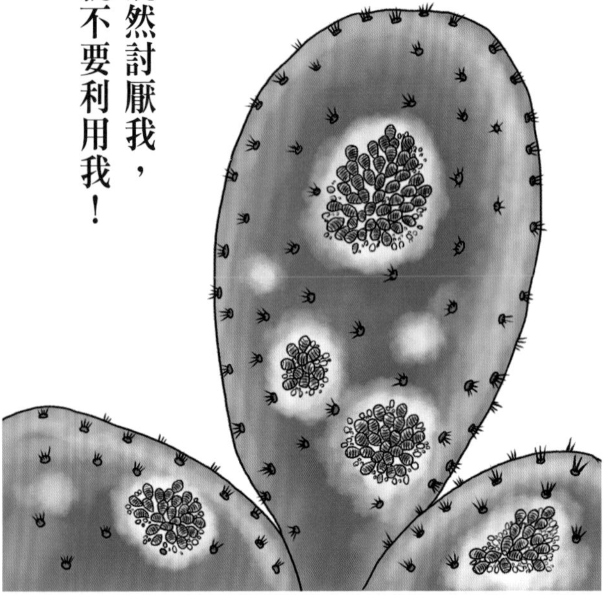

分類：半翅目胭蚧科
分布：美國南部～墨西哥
大小：體長3～5㎜（♀）

以前的人會把長大後的雌胭脂蟲煮熟，乾燥之後磨成粉，利用酒精等從中提取紅色物質（色素），用來為衣服或糯米丸子等食物染色。

歐洲人得知此事後，為了在食品中添加紅色而開始飼養這種胭脂蟲。

然而，偶有不純物質引發過敏，加上是萃取自昆蟲的物質，因此開始有人鼓吹避免使用這種色素。可憐吶，這可是天然色素呢！

突灶螽

俗稱「便所蟋蟀」。

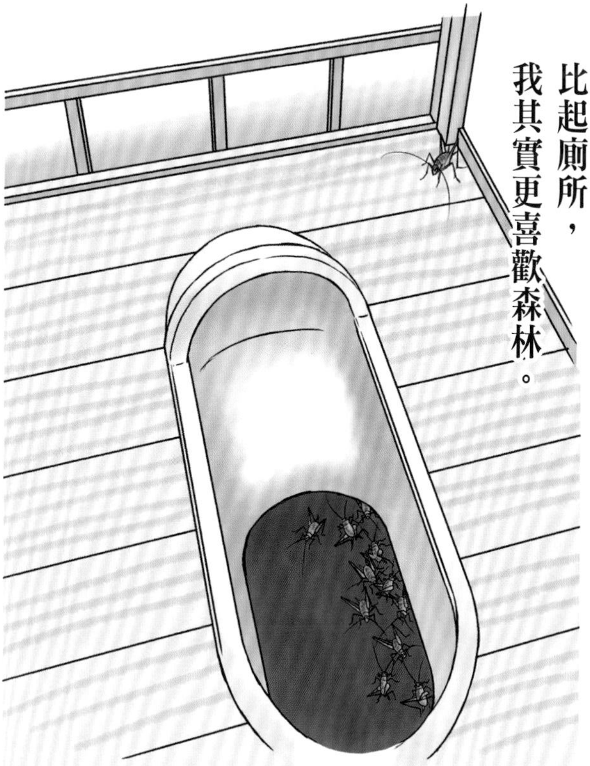

分類：直翅目穴螽科
分布：北海道～九州
大小：12～23㎜

突灶螽沒有翅膀，宛如胸部較寬胖的蟋蟀。這種昆蟲出沒於各種地方，像是朽木或洞穴，偶爾也會趨往樹液……。

以前的廁所裡有不少縫隙，昆蟲可以輕鬆地裡外進出，裡頭也有許多死掉的蒼蠅等，可食之物多不勝數。

所以據說突灶螽也曾經往廁所裡面跑，才會被取了「便所蟋蟀」這種難聽的名字。

不過如今，在廁所裡已經不多見了……。

不知道出處為何。

梨片蟋

分類：直翅目蟋蟀科
分布：本州、四國、九州
大小：體長約27mm（♂）、約34mm（♀）

梨片蟋於明治時期以後來到日本。最初發現於東京，如今棲息於本州、四國與九州。

有別於蟋蟀，牠們白天會爬到樹上啃食樹葉，或捕食昆蟲。

一般認為，梨片蟋可能是來自中國的品種，但在中國尚未發現，目前只在日本找到。

明明來自國外，卻不知其故鄉，這樣的昆蟲還真是讓人感到同情。搞不好梨片蟋正鳴叫著：「誰來告訴我故鄉在何處？」

催淚指數

竹節蟲（擬七節）

分類：竹節蟲目竹節蟲科　分布：本州、四國、九州、對馬　大小：體長7～10cm（♀）

腹部並非7節。

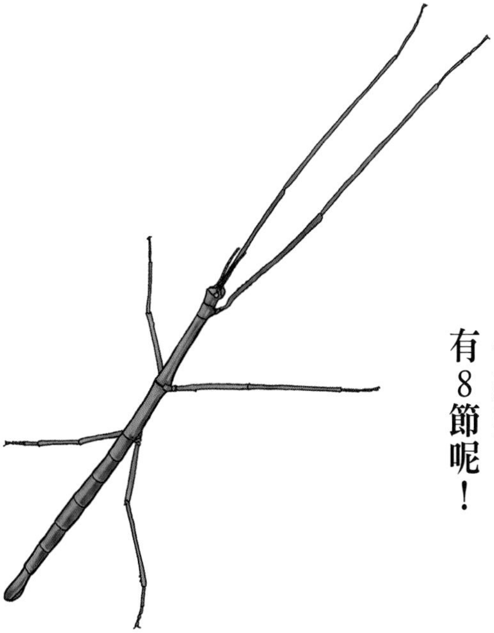

竹節蟲是一種近似於蚱蜢的昆蟲，酷似樹枝而難以察覺其蹤跡。

這種竹節蟲是因為腹節數而以「七節（日文發音同竹節）」來命名。不過數了數，1、2、3……8！居然有8節。為什麼說是「七節」呢？

據說這裡的「七」其實是「很多」的意思。換言之，因為是「節很多的蟲」，才取了「七節」這樣的名字。

不過，這種程度的數量數一下就好了嘛！才差那麼1節。

催淚指數

我們不會進人類的家。

日本姬蠊

分類：蜚蠊目姬蠊科　分布：本州、四國、九州、奄美大島

大小：體長13㎜（♂）、11．5㎜（♀）

德國姬蠊是在人類家中出沒，而令人深惡痛絕的蟑螂，據說牠們是來自非洲。雜木林中也曾看過類似「德國姬蠊」的蟑螂，不過，棲息於雜木林裡的其實是「日本姬蠊」。

雖然是近似於德國姬蠊的蟑螂，卻幾乎不會進到人類家中，而且從很久以前就一直待在日本。

因為跟德國姬蠊長得很像，而被人們討厭的日本姬蠊，真的很可憐，對吧？

催淚指數

蘭花螳螂

分類：螳螂目花螳科　分布：東南亞　大小：體長約45㎜（幼蟲）、成蟲70㎜（♀）

因為神似蘭花而遭誤解。

蘭花螳螂的幼蟲長得如蘭花一般。牠們會停駐在葉片上，鎖定上門的蜜蜂。

而蜜蜂會以為蘭花螳螂是花而靠近，而且蘭花螳螂還會釋放出引誘獵物的氣味，並在蜜蜂要在自己頭上歇腳的那一瞬間，以迅雷不及掩耳之勢逮住牠們並吃下肚。

原本大家都認為蘭花螳螂是混在花卉中覬覦著昆蟲，後來才知道牠們是靠自己的努力捕捉獵物。真的不能以外表來判斷呢！

超可悲的實況

昆蟲學者的辛酸血淚！

東京農業大學名譽教授
岡島秀治

成為昆蟲學者的血淚之路

昆蟲學者都是些什麼樣的人呢？

雖然統稱為昆蟲學者，卻含括各式各樣職業的人。有在大學做研究的人、在博物館裡做研究的人、在國家或地方政府的研究機關及實驗處進行昆蟲相關研究的人，以及在農藥等公司執行昆蟲相關研究的人。能叫做昆蟲學者的人形形色色，共通點在於都是透過昆蟲研究獲取薪水。

這些昆蟲學者的研究內容包羅萬象。有些人持續著所謂的基礎研究，比如分類昆蟲並查明其所屬系統（指進化的過程，簡單說便是如親緣關係般的資訊）的領域、研究昆蟲生存樣貌的領域、研究昆蟲體內正發生著什麼的領域等。另一方面，還有人進行著所謂的應用性研究，比如研究如何安全有效率地減輕害蟲危害的領域、研究如何利用昆蟲的領域等。如果你對昆蟲愛不釋手，希望你務必成為一名昆蟲學者。

如同前述，昆蟲學者形形色色，但是無論做著什麼樣的研究，其中都存在著各種「催淚的故事」。

大部分的昆蟲學者，昔日都曾是昆蟲少年或昆蟲少女，所以熱愛昆蟲勝過一切，難以自拔。然而，要成為學者還是必須學習才行，最好進入有教授昆蟲學專業教育的大學或研究所就讀較為理想。與喜歡的昆蟲為伍，同時還必須為了成為昆蟲學者的目標而學習——有時正是因為喜愛才會衍生這些痛苦。不過如果不克服這些難關，就無法開闢出道路。

採集標本無比艱辛

我在大學研究的是昆蟲分類領域（即昆蟲分類學），在求學的過程當中，也有無數「催淚的故事」。

大家知道纓翅目這個分類的昆蟲嗎？我以前便是專攻這個分類的研究。纓翅目（通稱薊馬）大多是1～2㎜左右的小昆蟲，標本必須製成載玻片（為了可以放到顯微鏡上觀察，而置於玻璃等薄片上固定的標本）才能觀察。首要之務是必須先收集大量的標本，這可是件苦差事。捕捉本身並沒有那麼困難，但必須將採集來的薊馬1隻隻製成載玻片，在習慣之前非常累人，而且還很費工夫。每採集一次，就必須花好幾天把捕到的薊馬製成標本。因此，我個人的研究生活大半時間都花在採集與製作載玻片上。儘管如此，收集標本仍勢在必行，令人著實煎熬。

慢慢累積一定數量的標本後，熟能生巧，製作載玻片會變得有趣一些，但是無論在採集與製作標本上投注多少時間與精力，這些作業本身都不會獲得任何評價。學者要發表研究成果後，才能獲得評價。

採集雖然有趣，辛苦的事也不少。採集薊馬時要先拍打樹枝或草，再用白色網子接住掉落的東西。我是在灌木叢般的地方到處敲打，所以會發生各種狀況，還曾有樹上的毒蛇掉落下來。

我經常不慎打到蜂窩而吃足苦頭，老是被蜜蜂螫，次數多到數不清。也曾經被大型蜜蜂螫到，腫了一大包，超痛的。

全是為了研究發表

寫研究論文也是一場硬仗。分類學的論文一般都是以英文寫成，再提交給專門的學會。若能二話不說便受理自然沒有問題，但是會有審查內容或英文是否適切的人員（稱為「裁判員（referee）」）介入，嚴格地進行檢查。通常會被要求重寫好幾次，有些情況下還會被拒絕刊登論文。此外，提出論文到實際發表為止，往往曠日廢時。我至今為止的經驗中，費時最久的，是提出論文後花了1年半左右的時間才得以發表。在競爭激烈的領域中，其他研究者在這段期間搶先發表了相同內容的論文，這類「欲哭無淚」的案例也偶有所聞。

尚未知曉的日本昆蟲

除了蝴蝶、蜻蜓還有天牛等部分甲蟲這類特定族群外，大家對日本的昆蟲都還所知不深。現在有3萬多種昆蟲是出自日本而為人所知，但一般認為實際上存在的數量應該是這個數字的2～3倍左右。換句話說，日本的昆蟲有6～9萬種，但是只了解了其中的30～50%左右。也就是說，尚不為人知的昆蟲多達3～6萬種。

這些尚未廣為人知的昆蟲，不見得全是還未取名的，也含括了在國外已經命名的昆蟲。為了多少改善這樣的狀態，昆蟲分類學者日以繼夜地奮鬥，成效卻往往不如預期。之所以對蝴蝶與蜻蜓了解得極其透徹，是因為有很多一般人（或許亦可說是業餘昆蟲學者）對牠們感興趣。多虧了這些人們的活躍，收集到大量蝴蝶與蜻蜓的資訊，故能有較詳細的了解。甲蟲類中，愛好者眾的天牛等，之所以有較為深入的了解，也是出於相同的理由。

相對於此，像纓翅目這類幾乎沒有愛好者的昆蟲族群，專門研究牠們的昆蟲學者就只能掌握自行收集到的資訊，因此研究難有太大的進展。換言之，昆蟲的種類眾多，相較之下，昆蟲學者的數量真的少得可憐，這便是現狀。或許，這也是大家的機會所在也說不定。

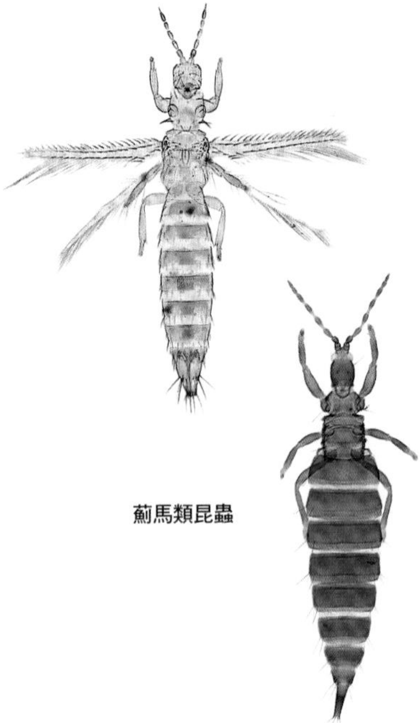

薊馬類昆蟲

昆蟲正在減少！

更嚴重的問題是，人類的生活改變也讓環境有了巨大的變化。

日本近年來人口逐年遞減，但我認為環境並未有所好轉，而是日益惡化。

在這樣的情況下，昆蟲當然也明顯不斷減少。

從環境省與各地方政府出版的紅皮書報告（RDB，「瀕臨絕種野生生物相關書籍」），一看便可清楚知道瀕臨絕種的物種與日俱增。

換言之，日本的昆蟲研究進度過於緩

慢，背地裡尚未被研究就不斷絕種的昆蟲正持續增加。

繼續這樣下去，「或許會有許多昆蟲，在人們還完全不知道的情況下就逐漸絕種」這便是眼前的問題。

或許有人會認為，只要增加昆蟲學者不就好了嗎？但是這件事並沒有這麼容易。

無論是國家、政府機關，當然還有民間的企業，支付給昆蟲學者的薪水大多已無調漲空間，因此要增加在這些單位服務的昆蟲學者實屬困難。

還有一點，現今在日本大學中教授昆蟲學專業教育的地方極少，所以連帶使培育昆蟲學者也困難重重。

為數不多的日本昆蟲學者，再加上日益惡化的日本大自然，昆蟲學者承受著極為龐大的焦慮感，直叫人潸然淚下……。

索引

（按筆畫順序排列）

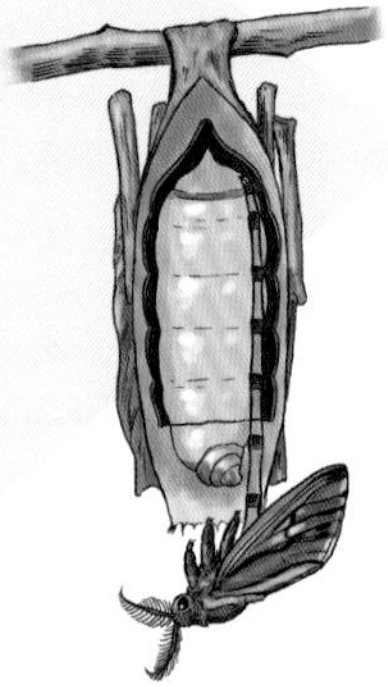

Staff

- 監　修　　東京農業大學名譽教授 岡島秀治
- 插　圖　　小堀文彥
- 執　筆　　岡島秀治、小堀文彥、學研PLUS（里中正紀）
- 編輯協助　ハユマ（近藤哲生、原口結、小坂麻衣）

- 參考文獻　《図説 世界の昆虫》1～6阪口浩平（保育社）
  《日本産蛾類標準図鑑》1～4岸田泰則等人（學研PLUS）

超悲情昆蟲圖鑑

忍辱負重只求平安度過每一天！

2020年11月1日初版第一刷發行

監　修	岡島秀治
繪　者	小堀文彥
譯　者	童小芳
編　輯	陳映潔
美術編輯	黃郁琇
發行人	南部裕
發行所	台灣東販股份有限公司
	＜地址＞台北市南京東路4段130號2F-1
	＜電話＞(02)2577-8878
	＜傳真＞(02)2577-8896
	＜網址＞http://www.tohan.com.tw
郵撥帳號	1405049-4
法律顧問	蕭雄淋律師
總經銷	聯合發行股份有限公司
	＜電話＞(02)2917-8022

國家圖書館出版品預行編目 (CIP) 資料

超悲情昆蟲圖鑑：忍辱負重只求平安度過每一天！ / 岡島秀治監修；小堀文彥繪；童小芳譯 . -- 初版 . -- 臺北市：臺灣東販, 2020.11
160 面； 14.8×21 公分

ISBN 978-986-511-513-5 (平裝)

1. 昆蟲 2. 動物圖鑑

387.725　　109015242